科技成果转化理论与实务

肖克峰　阮　航　编著

知识产权出版社
全国百佳图书出版单位
—北京—

图书在版编目（CIP）数据

科技成果转化理论与实务/肖克峰，阮航编著. —北京：知识产权出版社，2021.7
（2022.10 重印）

ISBN 978-7-5130-7576-3

Ⅰ.①科… Ⅱ.①肖… ②阮… Ⅲ.①科技成果—成果转化 Ⅳ.①G311

中国版本图书馆 CIP 数据核字（2021）第 121722 号

内容提要

本书以最新的科技成果转化分析工具——“核心-催化”理论为主线，重点介绍科技成果转化过程中所必需的核心功能、提升转化效率或效果的催化功能，以及在实操中具备这些功能的不同转化主体和催化主体。为便于技术转移相关人员学习并深入应用该理论，本书还介绍了与这些主体密切相关的一些基本知识和基本技能。

读者对象：技术经理人、技术经纪人、科技管理人员、科技服务人员、科技创业者、科研人员和投资人等。

责任编辑：程足芬　　**责任校对**：潘凤越
封面设计：北京乾达文化艺术有限公司　　**责任印制**：刘译文

科技成果转化理论与实务

肖克峰　阮　航　编著

出版发行：知识产权出版社有限责任公司	**网　　址**：http://www.ipph.cn
社　　址：北京市海淀区气象路 50 号院	**邮　　编**：100081
责编电话：010-82000860 转 8390	**责编邮箱**：chengzufen@qq.com
发行电话：010-82000860 转 8101/8102	**发行传真**：010-82000893/82005070/82000270
印　　刷：北京九州迅驰传媒文化有限公司	**经　　销**：新华书店、各大网上书店及相关专业书店
开　　本：720mm×1000mm　1/16	**印　　张**：13
版　　次：2021 年 7 月第 1 版	**印　　次**：2022 年 10 月第 2 次印刷
字　　数：200 千字	**定　　价**：58.00 元

ISBN 978-7-5130-7576-3

本书编委会

主　编： 肖克峰　阮　航

副主编： 伍晓强　于晶晶　师进生

编　委： 刘　伟　陈怀春　单亦先　李再峰
崔言民　宋大雷　李长河　梁赛江
乔　岳　高文献　邵鹏飞　王蕾蕾
姜大川　邹　正　郝团代　张万伟
盖　婧　曹　闪　王胜斌　陈　丹
迟艳红　苏　晨　孔祥敏　代淑江
王鹏飞　翟熙伦　王　乾　王仕文

前 言

Foreword

党的十九大报告指出，我国经济已由高速增长阶段转向高质量发展阶段，正处在转变发展方式、优化经济结构、转换增长动力的攻关期。实现高质量发展必须将科技创新作为引领发展的第一动力，加快建立以企业为主体、市场为导向、产学研深度融合的技术创新体系，促进科技成果加速转化为现实生产力，不断增强我国经济创新力和竞争力。党的十九届五中全会提出“坚持创新在我国现代化建设全局中的核心地位，把科技自立自强作为国家发展的战略支撑”，并将其摆在各项规划任务的首位进行专章部署。这是以习近平同志为核心的党中央站在历史新高度、从战略全局出发作出的重大战略决策，具有重大而深远的意义。2021 年是开启全面建设社会主义现代化国家新征程的起步之年，也是“十四五”规划的开局之年，乘势而上提高科技成果转移转化效能，为推动高质量发展、构建新发展格局提供有力支撑具有重要意义。

从 2015 年 8 月全国人大常委会表决通过新修订的《促进科技成果转化法》，2016 年 2 月国务院颁布《实施〈中华人民共和国促进科技成果转化法〉若干规定》，到 2016 年 4 月国务院办公厅印发《促进科技成果转移转化行动方案》，科技成果转移转化从修订法律、制定配套政策到部署具体行动的“三部曲”已经形成。与此同时，有关部门和地方相继出台了一系列配套政策文件，细化落实。在这一系列政策的引导下，我国科技成果转化工作逐渐向纵深发展，规模化转化逐渐成为科技成果转化工作的必然要求。对于科技成果转化链条中的各类主体而言，实现规模化转化所需要的不仅是经验和个体的努力，更需要具有实用性的系统理论的指导以及各要素的协同推进。但就目前来看，用于指导科技成果转化的相关知识主要来源于个别案例，属于碎片化的知识，缺少广泛适用的、能够指导规模化转化的系统理论体系。在科技成果转化工作如火如荼开展的今天，亟待我们认识和厘清我国科技成果转化体系的内容、特征与基本规律，从而构建适合我国科技事业发展的科技成果转化理论体系，并赋予科技成果转化体系新的功能，促进体系内各要素协同发展，推动科技成果规模化转化，才能真正实现创新驱动发展的国家战略。

科技成果转化工作的理论研究应实践需要而诞生和发展。在科技部火炬高技术产业开发中心和国家科技评估中心等部门的指导和支持下，青岛市科技局组织青岛市技术市场服务中心、青岛农业大学、青岛大学、山东大学、中国海洋大学、青岛科技大学、相关投资机构以及技术转移机构的科研专家、科研管理专家、投资人和技术经理人组成研发团队，开展相关理论和实践研究。研发团队针对近千个实际科技成果转化案例，集中分析和研究了科技成果转化过程中的共性问题、共性规律、实施模式及其关联等。同时，研发团队调研了百余家高校、科研院所、企业和技术转移服务机构，并且查阅了相关文献、书籍和标准等资料，综合利用已有理论和实践，不断修正和完善科技成果转化理论体系，提出了科技成果转化“核心-催化”理论。该理论从实现科技成果转化的功能着手，明确了科技成果转化过程中必不可少的核心功能和用于解决核心功能融合问题的催化功能；在功能区分的基础上，将不同的功能与科技成果转化实操中的各类人员和机构相关联，明确相关人员和机构的定位；同时，明确了科技成果转化的基本发展思路。借助该理论可以对科技成果转化链条中的各要素进行明确的定位，分析其中的问题并明确解决的方向。该理论已经成为青岛市以及十余个省、市、自治区技术转移人才培训体系的核心内容，成为技术经理人分析科技成果转化问题的得力工具。

本书以科技成果转化“核心-催化”理论为主线，重点介绍科技成果转化过程中的核心功能、催化功能、实操中具备不同功能的主体以及与这些主体相关的基本知识和技能。第一章至第三章属于基础理论部分。第一章主要对科技成果转化实操中的功能和对象进行分析，提出科技成果转化“核心-催化”理论。第二章主要介绍科技成果转化“核心-催化”理论在科技成果转化实操中对各主体的作用以及科技成果转化模式分析。第三章主要介绍技术转移过程中的功能和对象，并与科技成果转化过程进行对比，厘清两者在实操层面的区别和联系。第四章至第九章属于科技成果转化链条中各对象基本知识部分。第四章主要介绍了技术转移服务机构和技术经理人的特点和服务模式。第五章主要介绍了政府在科技成果转化过程中的作用及相关示例分析。第六章至第八章主要介绍了科技成果转化过程中的三类核心功能：研发、实施和投资，以及相应的三类核心方，即研发方、实施方和投资方的特点和相关知识。第九章主要介绍了科技成果转化过程中评价的相关理论和方法，这也是当前科技成果转化的一个重要催化功能。本书可以作为技术经理人（技术经纪人）培训的教材，也可以作为科研人员、科研管理人员、技术转移服务机构从业人员以及投资机构从业人员厘清科技成果转化思路、发现问题以及指引方向的参考书。

在科技成果转化“核心-催化”理论体系建立和本书写作的过程中，得到了科技部火炬高技术产业开发中心、国家科技评估中心和青岛市科技局等单位领导的大力支持和指导；得到了若干科技成果转化专家、科研专家、财务专家以及律师的指导和帮助。青岛技术市场服务中心为本体系的研究提供了大量科技成果转化案例。本书也参考了大量国内外相关文献。在此，对所有给予支持和帮助的领导、专家和参考文献作者一并表示感谢。

虽然科技成果转化“核心-催化”理论在实践中已经初步推广应用，但还不够充分，有待于在实践中进一步检验和完善。作为科技成果转化的一线工作人员，本书的编写团队深知由实践到理论再到实践的过程意义深远但充满艰辛坎坷。虽殚精竭虑，以期能阐明一些见解，但限于水平，书中难免有不当之处，恳请各位读者批评指正。

编者

2021 年 2 月 17 日

目　录

Contents

◉ 第一章　科技成果转化“核心-催化”理论 …………………… 001

第一节　科技成果转化相关概念 / 001

第二节　科技成果转化核心功能 / 005

第三节　核心功能融合存在的问题 / 013

第四节　科技成果转化催化功能 / 015

第五节　“核心-催化”理论示意图 / 018

◉ 第二章　科技成果转化“核心-催化”理论的作用 …………………… 021

第一节　科技成果转化过程概述 / 021

第二节　对核心方的意义 / 022

第三节　对技术转移服务机构的意义 / 024

第四节　对科技管理部门的意义 / 026

第五节　常见科技成果转化模式解析 / 029

第六节　科技成果转化案例分析示例 / 035

◉ 第三章　技术转移过程分析 …………………… 040

第一节　技术转移相关概念 / 040

第二节　技术转移与科技成果转化对比分析 / 044

◉ 第四章　技术转移服务机构与技术经理人 …………………… 051

第一节　技术转移服务机构相关概念 / 051

第二节　技术转移服务机构常见服务模式分析 / 059

第三节　技术转移服务机构案例分析 / 067

第四节　技术经理人 / 072

◉ **第五章　政府：超级催化功能** ………………………………… 079
第一节　政府在科技成果转化中的职责 / 079
第二节　政策分析示例 / 085
第三节　政策制定与实施案例 / 093

◉ **第六章　技术研发功能基本知识** ………………………………… 102
第一节　科技研发的初心 / 102
第二节　技术开发过程 / 106
第三节　科技论文基本知识 / 114

◉ **第七章　创业者：实施功能** ………………………………… 121
第一节　创业者的类别 / 121
第二节　创业者的功能 / 123
第三节　创业者的素质 / 127
第四节　创业计划书 / 133
第五节　创建企业 / 140

◉ **第八章　资本方：投资功能** ………………………………… 147
第一节　认识投资功能 / 147
第二节　创业者与风险投资家 / 148
第三节　风险投资与天使投资 / 150
第四节　风险投资尽职调查 / 153
第五节　风险投资的退出 / 157

◉ **第九章　科技成果转化过程中的评价** ………………………………… 161
第一节　评价理论基础 / 161
第二节　科技成果标准化评价 / 167
第三节　无形资产评估 / 182

◉ **参考文献** ………………………………… 192

第一章　科技成果转化“核心-催化”理论

第一节　科技成果转化相关概念

本节主要厘清科技成果转化相关概念，界定科技成果转化的对象、导向和基本任务，为后面讨论和理解“核心-催化”理论构筑基础。

一、科技成果定义

1. 科技成果

科技成果是科技成果转化的对象，通过对其定义的分析可以明确转化对象的边界，对在转化过程中进行清晰的思考和沟通具有基础性意义。科技成果的定义来源于《中华人民共和国促进科技成果转化法》（以下简称《促进科技成果转化法》），其中第二条规定：“本法所称科技成果，是指通过科学研究与技术开发所产生的具有实用价值的成果。”对于该定义，以下几点值得探讨。

（1）包含范围

由定义可知，科技成果包括科学研究所产生的成果和技术开发所产生的成果。科学是关于自然界、人类社会和人自身的规律的事实、原理、方法和观念的知识体系以及创建这个知识体系的社会活动。科学的任务是发现规律，提出理论，认识世界，解释世界。因而科学研究所产生的成果可以认为是基础理论类科技成果。技术是人们为了变革自然和社会所采取的一切物质手段、工具和方法的总和。技术的任务是在科学理论的指导下发展或开发出新的方法、手段、措施或途径，用于改造世界。因而技术开发所产生的成果可以认为是应用类科技成果。借助科技成果标准化评价中成熟度的概念可以很清楚地表达两者的区别。基础理论类科技成果是成熟度低的科技成果，而应用类科技成果是成熟度高的科技成果。技术成熟度的高低是以技术服务生产力发展的状态决定的，具体的内容将在第九章中详细介绍。根据以上分析可以明确，科技成果包含基础理论类科技成果和应用类科技成果。

（2）对实用价值的理解

科技成果的定义体现了成果的实用价值属性。对于实用价值的理解在实操中有一些不同的认识。有人认为具有实用价值的技术必须是成熟的，必须是已经在生产中发挥作用的。也有人认为所谓的实用价值只要是有潜在的实用价值即可，不一定是已经实现的价值。本书倾向于第二种观点。

在《促进科技成果转化法》第一条中规定：“为了促进科技成果转化为现实生产力，规范科技成果转化活动，加速科学技术进步，推动经济建设和社会发展，制定本法。”由此可见，科技成果最终的实用价值体现在转化为现实生产力。而要实现这个目标，需要经过一系列科技成果转化活动，在这些活动中我们所面对的科技成果都是以实现转化为生产力作为目标的，这些科技成果的价值相对于转化为现实生产力来说都是潜在的。从科技成果研发的根本目的而言，基础理论类和应用类科技成果的最终目的都是要服务于人类的生产，都具有潜在的实用价值。从实用价值的角度分析，科技成果定义中包含基础理论类科技成果和应用类科技成果。只是在科技成果转化实操中会发现，基础理论类科技成果距离最终服务于人类生产非常远，转化周期很长，而应用类科技成果则距离服务于人类生产近一些，转化周期相对短一些，转化风险相对小很多。因而，在实操中，人们在科技成果转化过程中所说的科技成果多指的是应用类科技成果。

（3）是否包含软科学研究成果

在科技成果常见的分类中，一般将其分为基础研究成果、软科学研究成果和应用技术成果。那么科技成果转化对象是否包含软科学研究成果呢？软科学研究以实现决策科学化、民主化为目标，综合运用自然科学、社会科学和工程技术多门类、多学科知识，为科技和经济社会发展的重大决策提供支撑。从定义包含范围角度来说，软科学研究成果也是科学研究所产生的成果，因为科技成果定义中并没有明确限定是自然科学类研究所产生的成果。从实用价值角度来说，软科学研究成果可以通过为政府决策提供支撑间接地服务于人类的实际生产，对生产力发展具有重要指导意义。因而从广义上来说，科技成果转化语境下的科技成果定义是包含软科学研究成果的，这种理解也有助于促进软科学研究成果的转化。但是，在科技成果转化实操过程中，讨论较多的是能够直接转化为现实生产力的自然科学类研究成果，而软科学是通过政策间接地服务于生产力的，因而，在实操中讨论科技成果时一般不包含软科学研究成果。

（4）科技成果与知识产权

知识产权，也称“知识所属权”，指权利人对其通过智力劳动所创作的成果和经营活动中的标记、信誉所依法享有的专有权利，一般只在有限时间内有效。常见的知识产权有专利权、计算机软件著作权、植物新品种权、生物医药新品种权等。由定义可知，知识产权是科技成果权利人所获得的一种权利，与科技成果关系密切，但并非科技成果本身。以人们最熟悉的专利为例，专利是科技成果的一种保护方式，也是一种展示方式，是副交付物；科技成果是专利的保护对象，是主交付物。

从是否有知识产权的角度，可以将科技成果分为有权类科技成果和无权类科技成果。获得知识产权的科技成果称为有权类科技成果，未获得知识产权的科技成果称为无权类科技成果。无权类科技成果通常是以技术秘密的形式存在。由于没有知识产权的保护，在对无权类科技成果进行转化的过程中，应注意合作对象和转化模式的选择问题。

2. 科技成果与技术在实操中的辨析

在科技成果转化实操过程中，科技成果与技术在不同的语境中经常交替出现，这两者在实操中是否有明显区别呢？

通过前文对科技成果所包含内容的分析可以看出，在当前科技成果转化实操中，大部分情况下所讨论的科技成果都指的是应用类科技成果，而这类成果就是通过技术研发得到的。基础理论类科技成果要实现转化为现实生产力这个最终目的，也要先发展成为技术。从技术成熟度的角度来看，基础理论类科技成果是技术的早期阶段，也属于广义的技术。因而在提到成果转化时，经常将科技成果与技术视为同义词，只是在做细致的专业研究时需要区分。由此可知，“科技成果转化”与“技术转化”、“科技成果转移”与“技术转移”在实操中不特别说明的情况下可以认为是同义词，两者的应用只是取决于不同的应用习惯而已。因而在政策文件中经常会出现“科技成果转移转化”“技术转移转化”等词汇。本书认为在科技成果转化实操的语境中，两者基本可以互换。

二、科技成果转化定义分析

《促进科技成果转化法》第二条规定：“本法所称科技成果转化，是指为提高生产力水平而对科技成果所进行的后续试验、开发、应用、推广直至形成新技术、新工艺、新材料、新产品，发展新产业等活动。”

由这个定义可以明确两点：①科技成果转化是以提高生产力水平为导向的；②科技成果转化是活动，是一系列动态的过程。这与现实中的很多情况都是相符的。科技成果转化整个链条中包含若干环节，这些环节都是科技成果转化活动。但是，在与科技成果转化相关人员的交流中，经常还会出现其他的含义。如我们经常说的“如何打通科技成果转化的‘最后一公里’”，在这句话中，科技成果转化用活动来解释就不是很顺畅，可见科技成果转化是个多义词。

贺德方在论文[1]中也曾对科技成果转化的定义进行探讨，他认为，从广义的角度看，科技成果转化包含从知识的生产到最终生产力的形成这一

---

[1] 贺德方. 对科技成果及科技成果转化若干基本概念的辨析与思考 [J]. 中国软科学, 2011 (11): 1-7.

创新链条中各个环节的转化。从狭义的角度看，科技成果转化主要侧重于创新链的末端，即应用技术成果向能实现经济效益的现实生产力的转化。广义的定义中说的是“各个环节的转化”，也就是说科技成果转化是一系列活动，而狭义的定义则特指的是“向能实现经济效益的现实生产力的转化”，强调的是最终转化这个结果。

从《促进科技成果转化法》的第一条中我们发现了类似的表述。第一条中规定，“为了促进科技成果转化为现实生产力，规范科技成果转化活动……”。由此可见该法律标题“促进科技成果转化法”中的“科技成果转化”有两个含义，一个含义是指“科技成果转化为现实生产力”这个结果，是目的；另一个含义是指“科技成果转化活动”，是过程。

在实操中，定义的模糊很容易导致沟通交流的不畅和操作思路的模糊。因此，需要明确科技成果转化在实际应用中具有两个含义：作为过程的含义和作为结果的含义。在理解和表述科技成果转化的含义时应结合不同的使用场景。作为过程含义时，可以用“科技成果转化活动”代替“科技成果转化”；作为结果含义时，可以用“科技成果转化为现实生产力”代替“科技成果转化”，这样会使表达更准确、更清晰。

厘清这些常见词汇的表面含义是重要的基础，但仍然是厘清思路最初步的工作。只有深入研究科技成果及相关转化过程的本质特征并与实践相结合才能为做好科技成果转化工作提供最有力的支撑。在后续的章节中，将重点探讨科技成果转化的本质特征。

第二节　科技成果转化核心功能

一、科技成果转化要素类别

科技成果要转化为现实生产力需要具备相关的要素。厘清这些要素及其作用对于促进科技成果转化具有重要意义。国内外学者对此进行了相关研究。1995 年，Roberts Edward 等开发了五种替代结构“模型”，用以说明科技创业公司诞生和运作的模式，这些模型的要素为技术创始人、企业家、研发组织本身和风险投资者。2006 年，郭明伟等在论文中对科技成果推广的过程进行了分析，认为该过程主要包括三个子系统：科研子系统、生产子系统和社会支撑子系统。2014 年，张维迎在其《企业家：经济增长的国王》一书中提到，国家经济的增长不仅需要丰富的资源、充足的资本和雄厚的技术，还需要优秀的企业家。虽然这些研究并不是专门研究成果转化的过程，但是它们的相似之处在于都是研究企业形成的要素。科技成果转化的最终实现平台就是企业，因而，这些研究对于明确科技成果转化为生产力的过程要素具有指导和借鉴意义。但是由于科技成果转化与一般企业的运行还略有区别，因而直接运用这些理论分析实际科技成果转化问题时可操作性较弱，还需要对科技成果转化全链条的要素做更细致的研究才能在实践中具备较强的可操作性。

针对科技成果转化中的要素，也有一些专门的研究。当前提及较多的、较为全面的是科技成果转化的六大要素“政产学研金介”，包括政府、产业、教育、科研、资金和中介。但是，该理论并没有对各自的具体作用及其相互关系做更深入的研究，无法用于分析实际的科技成果转化中存在的问题。

通过对近千个成功实施科技成果转化的案例进行分析，我们总结归纳了其中的共性要素，找到其作为必要条件的要素和其他非必要但也发挥重要作用的要素，最终形成了“核心-催化”理论。为了增加该理论的可操作性，在提取要素时，我们以实现科技成果转化所需功能要素作为提取对象。根据科技成果转化过程的特点和实现该过程所需能力和资源的不同，将科技成果转化过程中所需功能分为两类，即核心功能和催化功能，并对每个功能进行明确的定义和定位。

二、核心功能定义

科技成果转化核心功能是指在科技成果转化为现实生产力的完整链条中必不可少的功能，核心功能包括技术研发功能、技术实施功能和投资功能。这三个核心功能是科技成果转化为现实生产力的必要条件，但不是充分条件。各核心功能的定义如下。

技术研发功能是指对科技成果进行后续试验、开发，形成能够在实际生产中应用的成熟技术的功能。技术研发功能所需的主要能力为技术的应用研发能力。常见的具备技术研发能力的团队包括高校、科研院所和企业等单位的研发团队。

技术实施功能是指通过组织管理、市场推广、资源整合等过程，将技术应用于产品生产或服务，使其转化为现实生产力的功能。技术实施功能所需的主要能力为生产管理、企业管理、市场营销和资源整合等。常见的具备技术实施功能的团队有创业者、企业家和创客等。

投资功能是指提供技术应用于产品生产或服务过程中和市场推广初期所需资金的功能。常见的具备投资功能的团队有专业投资机构、天使投资人、生产类企业和政府管理部门等。

三、核心功能存在状态分析

核心功能是抽象的，在现实中存在的方式是多样的。只有将这些抽象的功能与现实中具体的对象结合起来，才能更好地指导科技成果转化实际操作。在当前分析科技成果转化过程时，人们常常以研发人员、企业家或者投资人等称谓来区分参与对象。但是经过研究我们发现，这些通用称谓中，每个称谓背后包含着多种不同的类型，每种类型具备不同的功能，对科技成果转化的贡献是不一样的。厘清这些角色所承载的不同功能，对于认清科技成果转化过程具有重要意义。

图 1–1 所示为科技成果转化过程中核心功能的关系示意图，该图给出了核心功能与科技成果转化过程中不同对象的关系。在图 1–1 中，三个圆所覆盖的区域分别是具备技术研发功能、技术实施功能和投资功能的所有团队的集合。这三个圆相交后形成了 7 个封闭线框。7 个封闭线框中，每一个都代表一类在科技成果转化过程中发挥不同核心作用的团队，我们称其为核心方。核心方是指在科技成果转化过程中以发挥核心功能为主的团队（包含个人，下同），分为 A～G 类，共七类核心方。每一类核心方的含

义及常见的存在形式如表 1-1 所示。这七类核心方在现实中广泛存在，读者可以结合身边的科技成果转化实际对象分析其具备的核心功能。在对科技成果转化过程核心参与者进行定位时要注意，每个区域中的对象特点不仅应满足具备相应核心功能的要求，还应满足不具备其他核心功能的要求。例如，在回答哪些对象属于 E 类核心方这个问题时，有的人直接回答“企业”，这就不准确。只有同时具备技术实施能力和投资能力且不具备高新技术研发能力的企业才属于 E 类，有很多企业是具备技术研发能力的，这些企业就肯定不属于 E 类。

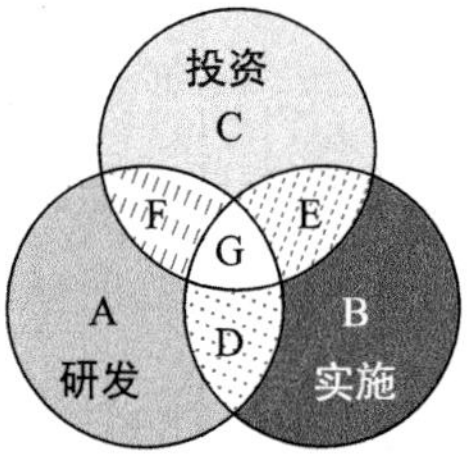

图 1-1　科技成果转化核心功能关系示意图

这种分类方式，明确了科技成果转化过程中发挥核心功能的团队所具备的功能和不具备的功能，可以非常准确地定位科技成果转化过程中的核心参与者的特点。需要注意的是，在对某个对象的类型进行定位时，应以参与转化某项技术的团队为分析对象，而不是分析整个机构。

表 1-1　科技成果转化核心方功能及常见存在形式

核心方类别代号	具备功能	现实中对象示例
A	仅研发	高校、科研院所或企业中仅具备技术研发能力，但不具备实施该技术的能力和资金的技术研发团队
B	仅实施	仅具备技术实施能力，但不具备技术研发能力和实施所需资金的企业家或创客团队
C	仅投资	仅具备技术投资能力，但不具备技术研发和实施能力的投资机构或政府相关部门
D	研发+实施	企业或高校院所中同时具备技术研发和实施能力，但不具备实施技术所需资金的团队

续表

核心方类别代号	具备功能	现实中对象示例
E	实施+投资	具备技术实施能力和实施该技术所需资金，但不具备研发能力的企业或创业团队
F	研发+投资	具备技术研发能力和实施该技术所需资金，但不具备实施该技术能力的团队
G	研发+实施+投资	同时具备技术研发能力、实施能力和投资能力的团队

科技成果转化为现实生产力的必要条件为同时具备技术研发、技术实施和投资三个核心功能。由表 1-1 可知，在实践中，只有 G 类核心方具备实现科技成果转化为现实生产力的必要条件。而其他六类核心方需要与其他核心方结合后才能满足成果转化的必要条件，我们称科技成果转化过程中的这种核心功能等待结合的状态为游离态。D 类、E 类和 F 类核心方分别具备两个不同的核心功能，融合时只需要结合一个自己没有的功能即可，因而更加容易融合。而 A 类、B 类和 C 类核心方只有一个核心功能，如果要实现这三类核心方互相融合的话，需要三方合作，显然难度更大。对 A 类、B 类和 C 类这三类核心方而言，最容易的融合方式就是分别与自己所缺的 E 类、F 类和 D 类核心方合作。在高校院所实际成功的科技成果转化案例中，A 类与 E 类核心方的合作最多，即高校院所中仅具有研发功能的团队与具备技术实施功能和投资功能的企业相结合在实际成果转化的案例中所占比重最大。

G 类核心方既是科技成果转化相关团队的一种状态，也是各种核心方融合的方向。凡是能够将某项科技成果转化为现实生产力的单位所具备的要素必然满足 G 类核心方的条件。除此之外，G 类核心方也可以是大企业内部科技成果转化的一种方向，即内创业。蔺雷在其《内创业革命》一书中重新定义了内创业的概念：“内创业是企业内部员工利用企业内外部资源，或外部创客利用企业内部资源，从创意原型到实现独立市场价值并与母体组织分享创业价值的过程和结果”。由定义可知，科技型内创业的团队大部分属于 G 类核心方。G 类内创业团队借助企业内部的研发能力和资金，同时，创业团队本身也是企业内部的人。这种情况下，核心方融合的阻力较小，融合更容易，运行更流畅，因而这种内创业的成功率更高一些。

在科技成果转化过程现有的各种要素中，除 G 类外其他六类核心方均以游离态的形式存在。在这些游离态的核心方中，只有一小部分能够自发地相互融合，满足科技成果转化为现实生产力所需要的核心三要素，从而实现科技成果转化为现实生产力的目的。绝大部分游离态的核心方是在各自的区域内线性发展，无法与合适的对象相融合，也就无法实现最终的转化。这也是我国当前科技成果转化过程中存在的一个严重问题。因而促进科技成果规模化转化的首要任务是实现三个核心功能的融合，即首先要将游离态存在的各类核心方，以合适的形式组织起来，使之形成 G 类核心方。

四、现实中的核心方

根据以上对核心功能存在状态的分析可以看出，从促进科技成果转化的角度来说，我们平时对一些对象的称谓并不能准确地表达其在科技成果转化过程中所发挥的具体作用。例如，我们通常认为高校院所科研人员是一类人员，但在实际科技成果转化中，这个群体中的人员所发挥的作用并不是相同的。每一个称谓都可能包含几种不同的类型，不能简单地等同视之。根据图 1-1 和表 1-1，从在科技成果转化过程中发挥作用的角度来说，我们将现实中人们通常称呼的核心方进行更为具体的分类，以便我们能够在实操中对参与人员进行更准确的定位。

1. 高校院所的科研人员

在科技成果转化过程中，高校院所的科研人员以技术研发功能为主，但并不限于此，针对不同的对象需要进行区分。根据科研人员具备的功能不同，可以将其分为以下三类：

第一类在 A 区，称为 A 类研发人员。这类人员主要从事某个专业领域的研发工作，不具备创办企业所需要的素质和能力，也不具备实施技术所需的资金。这类人员在高校院所中占比最大。

第二类在 D 区，称为 D 类研发人员。这类人员不仅具备在某个专业领域进行研发的能力，同时也具备创办企业所需的素质和能力，但是没有实施技术所需的资金。这类人员在高校院所中所占比例较小，但却是科技成果转化的重要力量。国务院支持和鼓励事业单位员工在职创办企业，所鼓励的对象主要是 D 类研发人员。如果 A 类的人员没有明确自我定位，以为只要有了投资就可以进行创业，失败的概率会大大增加。

第三类在 F 区，称为 F 类研发人员。这类人员不仅具备在某个专业领域进行研发的能力，同时也具备实施技术所需的资金，但是不具备创办企业所需的素质和能力。这类人员在高校院所中所占比例极小。只有通过某些途径获得较多资金的研发人员才属于此种类型。例如，某教授通过第一个技术的转化获得了几千万元的自主支配收益，那么当他的第二个技术转化时，他便具备了实施该技术的全部或部分资金，从而进入 F 区中。该教授在转化时只需要找一个 B 类的实施方合作即满足科技成果转化为现实生产力的必要条件。

2. 创业者或企业家

在科技成果转化过程中，创业者或企业家所发挥的作用是以实施技术为主，但有时所发挥的作用却可能是多个方面的。根据所具备的功能不同，可以将其分为以下四类：

第一类在 B 区，称为 B 类创业者。这类人员主要具备创业的基本能力和素质，善于市场推广，但不具备技术研发能力，也不具备实施技术所需的资金。我们常说的“创客”大部分属于此类。对于科技成果转化来说这类人员的作用很容易被忽视。例如，政府为高校院所科技成果转化提供资金，但是申请这些资金时只是关注技术的水平，而忽略实施该技术的水平。因而申请到这类资金的人员中，有一些不具备实施水平，很容易导致成果转化失败。这种情况下，如果能找到 B 类创业者合作，一起完成科技成果转化，则成功的概率会大大增加。

第二类在 D 区，称为 D 类创业者。这类人员具备技术研发的能力和创业的基本能力和素质，但不具备实施技术所需的资金。由于这类人员并不在高校院所工作，而且其创业的能力更为明显一些，因而人们经常称其为创业者或企业家。实际上，他们在科技成果转化过程中所具备的核心功能与D类研发人员基本是一致的，只不过各有侧重而已。

第三类在E区，称为E类创业者。这类人员具备企业管理、生产管理、市场营销和资源整合等企业发展的能力，并且积累了一些资金，但是不具备研发新技术的能力。例如有些传统的化工企业，技术老化，污染严重，亟须借助绿色化工技术实现新旧动能转换，但是自身又不具备研发实力。这类企业的管理团队就属于E类企业家。这类企业家在某个专业领域运作多年，既有管理经验，又有实施所需资金，关键是有技术升级的需求，因而一旦有合适的技术，很容易与该类企业家达成技术转移合作。在实际的技术转移案例中，这类人员是占比最大的“技术买方”。

第四类在G区，称为G类创业者。这类人员具备了科技成果转化所需要的三个核心要素。例如华为公司的任正非，他同时具备研发能力、实施能力和投资能力，这样的企业家能够带领企业在高新技术方向较快、较深地发展。虽然G区是三个核心要素的融合区，但是在G区中，引领团队发展方向的是企业家精神，因而即使具备其他能力，人们依然经常称其为企业家。

3. 投资人

在科技成果转化过程中，常说的投资人包括投资人和投资机构，其所发挥的主要作用是提供技术应用于产品生产或服务过程中以及市场推广过程中所需的资金。但是有些投资人所发挥的作用却不止于此，根据所具备的功能不同，可以将其分为以下两类：

第一类在C区，称为C类投资人。这类人员仅具备投资功能，但不具备技术研发能力和实施能力。政府提供投资功能时就属于这一类。大部分投资机构都属于这种类型。

第二类在E区，称为E类投资人。这类人员不仅能够对技术进行投资，同时能够协助企业管理团队开展相关管理工作和资源整合工作。在企业的发展中，我们通常将实施方认定为勇于创业的公司创始人或首席执行官。实际上，有一些风险投资人，除了提供资本和融资外，还通过作为董事参与到企业的管理中。他们协助企业招聘明星管理团队，吸引并赢得更多资本；他们利用自己的人脉和社会关系指导公司经营和战略方向，并快速打开市场。因而，E 类投资人对于快速实现科技成果的转化具有重要作用，也是 A 类和 D 类研发人员合作的重要对象。E 类投资人与 E 类企业家所发挥的功能类型是相同的，但是侧重点略有不同。

由以上分析可见，在科技成果转化过程中，对每一个参与团队，都应准确地定位其类型，以便根据需求选择合适的合作方。

第三节 核心功能融合存在的问题

科技成果转化活动中，当处于游离态的六类核心方受到某种驱动力的影响时，就会融合形成满足科技成果转化必要条件的团队，从而促进科技成果转化。但是，从现实的情况来看，这些游离态核心方之间的融合并不是非常顺畅。就单个科技成果转化案例而言，理论上说只要形成了融合有三个核心功能的团队，并且每个功能都发挥相应的作用，那么最终就能够实现科技成果转化，但是在实践中发现，团队融合的周期长短不一，而且融合的过程曲折艰难，从而出现有一些具备某个核心功能的团队在很长一段时间无法与具备其他互补功能的团队融合，以至于出现“果子烂在了树上”的现象。从宏观上来说，仅有这三个核心功能，科技成果可以转化为现实生产力，但是实际转化效率却较低。这主要是因为在这三个功能融合的过程中还存在一些问题，欠缺一些重要的因素，而且不同的团队融合过程中所欠缺的因素各有不同。根据对若干个实际科技成果转化过程的分析，我们将核心功能融合所欠缺的常见要素归纳为如下四个类型：

①信息型要素，是指核心方互相之间接触所需的信息，以及转化相关信息。常见信息型要素有：技术、需求、资金、专家、政策、市场等信息。

②价值发现型要素，是指核心功能之间相互进行价值发现的方法或工

具。在核心功能融合过程中，选择合适的合作方非常重要。由于科技成果转化涉及的知识面较广，在很多情况下，某个团队只是对自己具备的功能较为了解，对对方的功能缺乏了解，无法判断对方水平的高低，使得融合的过程变得艰难。例如，投资人无法判断科技成果的水平、技术研发方无法判断合作方是否具备实施该技术的能力以及能力的高低。

③保护型要素，是指核心功能在相互融合过程中自我保护的方法或工具。例如，技术研发方有时没有保护好自己的技术，导致在合作谈判过程中被对方学到了技术的要点，从而使得合作失败，从此该技术研发方即使再研发了新的技术也对成果转化有所忌惮。

④驱动力型要素，是指促使核心方产生向融合方向发展的动力的要素。这类要素也是当前影响科技成果转化率的一个重要因素。例如，高校院所的某应用类研发人员虽然了解科技成果转化的相关信息，具备对对方进行判断的能力，也能够借助相关机构进行自我保护，但是，他发现只要申请相关专利授权后即可获得丰厚的奖励，或者发表论文后即可得到较高的报酬，而且在评职称时论文、专利所占比重非常大，那么他就没有进行科技成果转化的动力。再如，如果投资人在若干“短、平、快”但技术水平不高的商业项目中投资就能够获得丰厚报酬，那么让其从事风险较高、周期较长的科技成果转化的驱动力就不足。

结合每个区的特点可以看出，在 G 区中以上要素都不缺乏，只是强弱问题。在 D 区中不缺乏研发功能与实施功能融合的相关要素，E 区中不缺乏实施功能和投资功能融合的相关要素，F 区中不缺乏研发功能和投资功能融合的相关要素。因而，在实现三个核心功能融合时，D 区、E 区和 F 区中的团队分别与具备互补功能的团队实现两方合作是较为理想的创业模式。最难的合作模式就是 A 区、B 区和 C 区三方直接合作的模式。

第四节　科技成果转化催化功能

一、催化功能定义

由前文分析可知，技术研发、技术实施和投资三个功能是实现科技成果转化为现实生产力的必要条件，但并非充分条件。在大多数情况下，要将科技成果转化为现实生产力仅靠三个核心功能自身还不够，还需要政府、科技成果转化服务机构等发挥各自的优势，使三个核心功能的融合效率更高、效果更好。基于政府或科技成果转化服务机构的这种作用，我们提出了催化功能的概念。

催化功能的定义来源于化学学科中催化剂的概念。化学学科中，催化剂的定义是：在化学反应里能改变反应物化学反应速率（提高或降低）而不改变化学平衡，且本身的质量和化学性质在化学反应前后都没有发生改变的物质。例如，式（1-1）所示的某个反应中，X 和 Y 反应能够生成 Z，但是反应时间很长，这种反应在实际的化工生产中就没有意义。但是一旦加入某种催化剂后，这个反应的速率会大大提升，便有了工业化的价值。

$$X + Y \xrightarrow{\text{催化剂}} Z \tag{1-1}$$

式（1-1）的这个反应过程中催化剂所发挥的作用与技术转移服务机构在促进科技成果转化过程中的作用非常相似。当前，我国存在大量的 A～F 区游离态的科技成果转化核心方，这些核心方之间的融合还存在如前所述的一些问题。技术转移服务机构恰好可以发挥类似催化剂的作用来解决这些问题，从而提高科技成果转化的效率或效果，我们称这种功能为催化功能。催化功能是指在科技成果转化为现实生产力的过程中能够提高或降低科技成果转化的速率或效果，但不是必要条件的功能。

由催化剂的定义可知，催化功能重点是解决促进科技成果转化核心方之间融合的问题。这些融合问题是无穷尽的，因而催化功能的数量是无限的。在科技成果转化过程中，常见的催化功能包括：政府宏观调控、信息供给、第三方评价、知识产权服务、法律事务服务、化验测试、财税服务等。这其中，政府的宏观调控功能较为特殊。由于政府调控功能不仅具备影响核心功能的能力，还具备影响催化功能的能力，因而定义政府宏观调控为超级催化功能。

二、催化功能分类

1. 根据作用机理分类

根据催化功能的作用机理，可以将常见的催化功能分为四类，每一类催化功能都包含若干具体的催化方式。

（1）信息供给类催化功能

信息供给类催化功能是指通过提供各种信息从而促进核心功能融合的催化功能。

该类功能解决的是核心方融合过程中信息缺失的问题。所提供的常见信息包括：技术信息、需求信息、资金信息、专家信息、政策信息以及市场信息等。信息催化功能的强弱主要取决于对信息的筛选水平和对信息理解的速度和深度。

当前有的技术转移机构在发挥信息催化功能时，主要优势在于掌握的信息量大，但是却没有筛选能力，只能将筛选的工作留给核心方去做，因为面对浩瀚的信息量，筛选出有价值的信息是一项艰巨的工作。如果服务机构只是通过提供大量未筛选信息提供信息催化功能，那么其在技术转移过程中发挥的作用较小，面临的竞争会越来越激烈。

有一些运营较好的机构已经开始在信息筛选方面做一些工作。他们提供给客户的信息数量较少，但都是经过筛选的，这样客户所获取的信息价值更大。高价值低数量的信息供给将是未来技术转移服务机构信息催化的主要方向。因此，信息的筛选需要与下一个类别的催化功能密切联系起来。

（2）价值发现类催化功能

价值发现类催化功能是指通过提供价值发现的工具、方法或服务从而促进核心功能融合的催化功能。

该类催化功能解决的是核心方融合过程中相互之间价值发现能力缺失的问题。常见的价值发现类催化功能包括：科技成果评价、无形资产评价、知识产权评价、投资尽职调查、技术测试、产品测试、科技查新等。在我国当前的科技成果转化过程中，价值发现类催化功能的缺失较为严重，亟须研究并建立在科技成果转化实践中简单实用的评价方法。在本书第九章中将专门介绍科技成果评价相关基本知识。

（3）保护类催化功能

保护类催化功能是指通过提供保护核心方利益的工具、方法或服务从而促进核心功能融合的催化功能。

该类催化功能解决的是核心方融合过程中核心方利益保护的问题。常见的保护类催化功能包括：知识产权保护、交易合同撰写或审核、财务审计等。在当前的科技成果转化过程中，这类催化功能已经广泛存在并发挥重要作用，但是从保护的强度来说，这类功能的发展还远远不够。例如，我国的专利数量已经连续多年在世界上排名第一位，但是由于撰写质量的原因很多专利并不能很好地保护专利中的技术，给专利权人造成很大的损失。只有以保护为目的，提高专利撰写质量才能提升专利保护强度，真正发挥专利的保护催化功能。

（4）驱动力类催化功能

驱动力类催化功能是指通过改变核心方相互融合的驱动力从而促进核心功能融合的催化功能。

该类催化功能解决的是核心方是否想融合的问题。在没有外部催化的情况下，许多核心方自身就有融合的驱动力，因为科技成果转化成功后的利益或自我实现价值都是吸引核心方融合的重要驱动力。但是这些驱动力是核心方在实施成果转化过程中已经存在的，并不需要外部的催化，因而这些驱动力不属于催化功能。驱动力类催化功能主要是指在科技成果转化核心方融合过程中，核心方本身不具备融合的驱动力，需要外部的催化方参与从而提升核心方驱动力的功能。能够规模化提升核心方科技成果转化驱动力的催化功能主要为各级政府部门的科技成果转化相关政策，例如“新旧动能转换政策”“环保政策”“科技成果转化后补助”“高新技术企业税收优惠政策”“事业单位人员在职创业政策”等。从个例上来说，技术转移服务机构也可以从利益分析、个人自我实现等角度提高核心方融合的驱动力。

在以上四类催化功能中，前三类催化功能解决的是核心方能不能融合成功的问题，第四个催化功能解决的是核心方想不想融合的问题。

2. 根据作用效果分类

根据催化功能的作用效果，可将其分为正催化功能和负催化功能两类。

正催化功能是指提高了科技成果转化效率或效果的催化功能。

负催化功能是指降低了科技成果转化效率或效果的催化功能。

相对应的催化功能拥有方称为正催化方和负催化方。

在科技成果转化过程中，需要的是正催化功能，但是现实中却存在若干的负催化方，他们提供的服务不仅不能促进科技成果转化，反而降低了科技成果转化的效率或效果。例如，某专利代理机构以授权为目的为委托人的某项技术申请专利并获得授权。这个专利的保护范围非常小，保护强度非常弱，几乎起不到保护作用。这个代理机构所发挥的作用应该是保护类催化功能，但从实际结果来看，却起不到保护作用，反而相当于把该技术无偿公开了，导致这项技术失去了转化的意义。所以这个专利代理机构在该项技术的转化过程中发挥的是负催化作用。这种基于作用效果的分类方式有助于科技成果转化各方对催化方的判断或最终的绩效考核。

第五节　“核心-催化”理论示意图

核心功能和催化功能构成了科技成果转化过程中的关键要素功能。通过明确这两类关键功能要素及其在科技成果转化实际参与者中的分布，形成了对科技成果转化过程中对象定位和问题分析的基础理论，我们称为科技成果转化“核心-催化”理论，其示意图如图 1-2 所示。

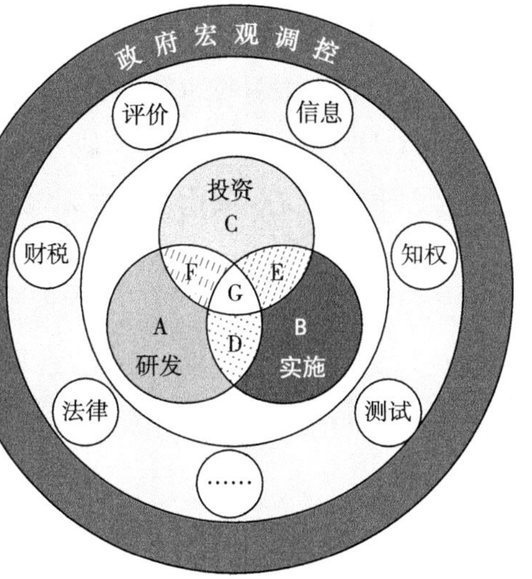

图 1-2　科技成果转化“核心-催化”理论示意图

图 1-2 表达了科技成果转化生态链上各功能要素的分布。在整个图的的中间处是由 3 个核心功能组成的 7 类核心方。在现实中，他们各自以不同的形式存在着，A～F 这 6 类的核心方在不同力的作用下存在着相互结合的可能，向着 G 类核心方的方向发展。但是，由于现实中使这些核心方自发融合的驱动力是有限的，还存在前面所说的四类缺失要素，因而大量的游离态核心方无法实现自发融合。

在核心方外面的圆环中，分布的是一个个常见的催化功能。理论上讲，这些催化功能是无限多的，以一个或多个的形式出现在现实中的技术转移服务机构中。这些催化功能将弥补游离态核心方在融合过程中的缺失要素，从而促进科技成果转化。

图 1-2 最外围的圆环所代表的是政府宏观调控的超级催化功能。这个超级催化功能不仅能够通过政策直接弥补核心方融合所缺失的要素，还能

够通过对催化功能的催化间接地弥补核心方融合所缺失的要素，从而促进科技成果规模化转化。

科技成果转化“核心-催化”理论的作用主要有三个方面：

①科技成果转化全链条上的相关团队或人员的定位。

②科技成果转化过程中存在的问题分析。

③寻找解决问题的方向。

科技成果转化链条上的核心方、技术转移服务机构和政府等均可以借助该理论明确相关团队或人员的定位，分析问题并找到解决问题的方向。图 1-2 所示的科技成果转化“核心-催化”理论示意图则是科技成果转化各对象利用该理论思考问题时在头脑中浮现的一个模型。

第二章　科技成果转化“核心-催化”理论的作用

第一节　科技成果转化过程概述

从国内外高校及科研院所科技成果转化的实操过程分析可知，科技成果转化的基本流程主要包括发明披露、发明评估、发明保护、市场分析、营销推介、技术转移、发展推进、转化为产品或服务等活动，如图 2-1 所示。从整体上来说，可以简单地将该过程分为两个阶段：核心功能融合阶段和发展推进阶段。核心功能融合阶段的主要任务是：三个核心功能在各种驱动力的作用下实现融合，形成融合体，这个融合体主要是以企业的形式出现。一旦三个核心功能实现了融合，则进入到第二个阶段——企业的发展推进阶段。该阶段以具备实施功能的企业家为主导，企业家带动整个团队向前推进，以将技术应用于实际生产，实现将产品或服务投入市场为最终目标。

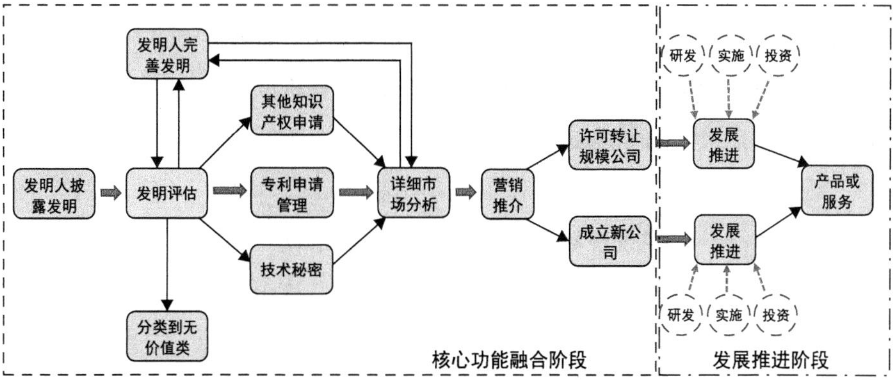

图 2-1　科技成果转化流程

在核心功能融合阶段，三个核心功能融合得“好不好”“全不全”对于企业后续的发展推进阶段具有重要影响。有的企业因为在融合阶段漏掉了某个核心功能，就会导致后续发展推进阶段的失败。融合完全且各功能协调发展的企业才能在后续的发展中形成高新技术企业、瞪羚企业、独角兽企业以及上市企业等。

在我国当前的科技成果转化相关研究中，对于发展推进阶段的研究较多，例如市场营销学、企业管理学、公司金融学等。但是对于核心功能融合阶段的研究不多。当前绝大部分投资机构的投资对象主要是以发展推进阶段的团队为主，较少投资机构关注核心功能融合阶段的技术团队。因而，我国当前科技成果转化的首要任务和难点就是如何使处于游离状态的核心功能实现相互高效融合。科技成果转化“核心-催化”理论正是为解决核心功能融合阶段的问题而诞生的。

第二节　对核心方的意义

该部分是站在科技成果转化核心方的角度上，借助“核心-催化”理论分析并引导科技成果转化过程。具体的分析思路如下❶：

第一，自己具备哪些核心功能？

核心方首先应做好自我定位，明确自己实际具备技术研发、技术实施和投资这三个核心功能的哪几个。自我定位是分析问题的根本，一旦定位不够准确，后续的分析都是无效的。

案例：某高校的张教授研发了一项新技术，技术的相关指标在国内也处于领先水平。张教授在转化过程中选择了自己创业实施该项技术，创业的资金由一个投资机构投资。经过两年的发展，这个企业以失败告终。在

❶ 此处的分析均以科技成果转化为现实生产力为导向。在后面的章节中，会介绍技术转移与科技成果转化的联系与区别，只要明确两者的联系和区别，分析方法是基本一致的。

这个案例中，张教授属于典型的 A 类核心方，投资机构属于 C 类核心方。两者合作虽然形成了一个公司，但是这个公司是一个 F 类核心方，里面没有具备实施能力的人员，不满足科技成果转化为现实生产力的必要条件，因而最终失败。如果创业之初张教授就明确定位自己是 A 类核心方，那么在合作时就会选择 E 类核心方进行合作，或者在与投资机构合作形成 F 类核心方后，及时引入 B 类核心方。

在后面的章节中，会专门介绍技术研发功能、技术实施功能和投资功能的详细特点和常见的职责。核心方可以结合着这些内容进行自我定位。

第二，转化成果还缺什么功能？

明确自身定位后，结合科技成果转化为现实生产力的必要条件就能明确所缺失的功能。需要注意的是，三个核心功能并不一定是同时融合到一起，可以根据实际情况分步融合。具体的融合思路可根据实际科技成果转化的模式进行分析。在本章第五节中，将会结合“核心-催化”理论探讨科技成果转化的常见模式。

第三，对方具备哪些核心功能？

核心方在选择科技成果转化合作方时，首先应判断对方是哪类核心方，对方所具备的核心功能是否能与自身的核心功能互补，满足科技成果转化为现实生产力的必要条件。判断合作方具备的核心功能比自我定位要难很多，因为判断信息获取比较难。在初始了解阶段，需要判断的是核心功能的有或无，随着了解得越来越深入，还需要判断核心功能的强弱。这也是当前科技成果转化过程中价值发现的一个难点。在第九章中，将专门讨论科技成果转化过程中所涉及的相关评价。

第四，与对方建立合作关系存在哪些障碍？

在与意向合作方谈合作时，会出现若干问题。核心方可以结合第一章中讲到的核心功能融合所缺失的四类要素分析具体的问题，找到问题的根源，以便寻求帮助。

第五，政府的相关政策有哪些？是否能够解决问题？

核心方在融合过程中遇到问题时，首先可以了解一下政府是否有相关政策能够解决这些问题。近几年，国家和地方各级政府科技管理部门出台了一系列政策鼓励和扶持科技成果转化，有些政策可以直接催化核心方的融合。例如技术卖方后补助政策，有的省份的政策是对技术卖方补助合同交易额的10%。核心方融合过程中双方议价时，会出现因为10%以内价格差而无法达成协议的情况。此时如果考虑到技术卖方后补助政策，双方就比较容易达成合作。

第六，需要哪些催化功能？

在核心方实际融合的过程中，能通过政策直接解决的问题占较小的比例，毕竟政策主要是从宏观上构建整个科技成果转化的生态体系，从而引导科技成果转化的发展。政策不能直接解决的问题，就需要借助技术转移服务机构的催化功能来解决。另外，近几年发布的政策较多，许多核心方没有时间全面了解各种政策的细节，也就无法为自己所用。这也需要技术转移服务机构的信息催化功能发挥作用。

第七，技术转移服务机构有哪些？各自的特点如何？

科技成果转化核心方应适当了解自己周围的技术转移服务机构的特点，每个技术转移服务机构都具备哪些催化功能，其水平如何。因为不同技术转移服务机构所具备的催化功能是不同的，其催化功能的水平也是参差不齐的，尤其是在当前技术转移服务机构发展的初级阶段，这种现象显得尤为突出。核心方能否就融合过程中存在的问题找到具备相应催化功能的技术转移服务机构是科技成果的转化链条中的一个重要环节。核心方尤其要注意避免与提供负催化功能的技术转移服务机构合作。负催化功能是通过结果来判断的，核心方可以通过技术转移服务机构以往的案例来了解该机构的催化特点。优秀的技术转移服务机构所发挥的正催化作用将会极大地促进科技成果的转化。

第三节　对技术转移服务机构的意义

提供催化功能是技术转移服务机构切入科技成果转化过程的重要方

式，不同的服务机构具有不同的催化功能。该部分是站在技术转移服务机构的角度上，借助“核心-催化”理论分析并引导科技成果转化过程。具体的分析思路如下：

第一，具备哪些催化功能？

技术转移服务机构首先应做好自我定位，明确自己实际具备哪些催化功能。这里所说的催化功能不应是一般了解层面的，而应该在这个方面是专业级的。在第四章中，将专门介绍根据“核心-催化”理论所得的技术转移服务机构的分类，技术转移服务机构可以结合着这些内容进行自我定位。

第二，所服务核心方的特点是什么？

技术转移服务机构的工作是具体地为某个委托方在科技成果转化过程中提供催化服务，委托方可能是 A～F 类核心方中的任何一方。首先要对所服务的核心方进行定位，明确核心方的类别及其具备和缺失的核心功能。

第三，如何匹配合适的合作方？

技术转移服务机构根据委托方所缺失的核心功能匹配合适的合作方。每个服务机构都可以将掌握的核心方信息按照专业领域、核心方类别等指标进行标识，建立数据库，方便合作方的匹配。合作方的匹配是个技术含量较高的工作，单纯地满足科技成果转化为现实生产力的必要条件只是一个基础，更重要的是对这些核心方进行深入评价。不仅要知其功能的有无，还要知道其强弱。现在可直接应用的评价方法并不多，还需要技术经理人在实践中不断积累经验才能判断得更准确。

这种匹配也要结合着相应的科技成果转化模式进行。合作方匹配得好，后续融合过程中的问题就少；反之，合作无法达成。在这个阶段要把核心方本身的问题尽可能降到最低。

第四，核心方在融合过程中存在哪些问题？

合作方匹配完成后，就进入核心方合作谈判的环节。技术转移服务机构可以结合前面提到的四类常见问题分析核心方融合存在的具体问题，明确缺失的具体要素。

第五，能为对方提供哪些服务？

找到核心方融合过程中缺失的要素后，技术转移服务机构可以结合自己机构的催化功能为核心方提供催化服务，解决融合过程中的问题。由于核心方融合过程中可能出现的问题是无限多的，单一的技术转移服务机构不一定能够完全解决这些问题。因而，技术转移服务机构不仅应该了解自己机构的催化功能，还需要了解其他技术转移服务机构的催化功能，在必要时，联合其他技术转移服务机构共同为核心方提供服务，推进核心功能高效融合。

第六，如何借助政策提升机构的服务能力？

技术转移服务机构必须对科技成果转化相关政策认真学习，并结合科技成果转化实践深入理解并应用。一方面，技术转移服务机构可以将政府直接用于催化核心方的相关政策传递给核心方，帮助他们享受政府的政策支持。这种传递不应仅是原文的传递，更应该是对政策解读后，结合着实操经验理解后的信息传递。对政策的理解深度决定了技术转移服务机构信息催化的质量。另一方面，政策中还有一部分是为了提升技术转移服务机构催化能力的。技术转移服务机构可以充分利用这些政策提高已有催化功能的水平，或者增加催化技能。例如，国家鼓励技术经理人培训的相关政策可以全面提升技术经理人的技术转移基本知识，国家鼓励知识产权保护人才培训或科技成果评价人才培训的相关政策可以提升知识产权保护或科技成果评价单方面的催化技能水平。

第四节　对科技管理部门的意义

作为“超级催化功能”的提供者，政府科技管理部门的宏观调控政策在科技成果规模化转化过程中发挥着重要的作用。该部分是站在政府科技管理部门的角度上，借助“核心-催化”理论分析并引导科技成果转化过程。具体的分析思路如下：

第一，在科技成果转化体系中的定位是什么？

政府科技管理部门在科技成果转化体系中的定位非常明确，主要发挥催化作用。政府科技管理部门与技术转移服务机构所提供催化功能的共同点都是以核心方的融合为核心，以促进科技成果转化为导向。这两者的区别也非常明确，主要有两点：

①政府科技管理部门的催化功能以宏观催化为主，而技术转移服务机构以微观催化为主。政府科技管理部门的每一个政策都是针对一个群体，目标是实现科技成果规模化转化。而技术转移服务机构每一次服务的对象都可能是不一样的，目标是促进一个又一个的科技成果实现转化。因此，政府应分析服务对象的群体特点，而不是像技术转移服务机构一样，分析服务对象个体的特点。

②催化范围不一样。政府科技管理部门发现核心方融合的问题后，不仅可以通过政策直接催化，而且还可以通过政策提升技术转移服务机构催化功能的整体水平，从而达到间接催化核心方融合的目的。也就是说，政府的催化功能几乎是完备的。而每个技术转移服务机构则只能依靠自身的催化功能实现对核心方融合的催化。

第二，核心方的特点是什么？

在利用“核心-催化”理论分析科技成果转化相关政策制定时，科技管理部门要对科技成果转化链条中的核心方做好宏观数据统计分析。统计分析的方式不再是按科研人员、创业者、投资人等类别来统计，而是要结合着核心功能的类别，将相关人员或团队分为 A～F 这六类。这种分类方式较传统的称谓更为精准，更有利于明确政策的指向。

第三，核心方融合存在哪些问题？

首先要确定问题是由于核心方本身的缺陷而产生的，还是核心功能融合中存在的问题。在本书前面介绍了核心方融合存在的四类共性问题，但科技管理部门还应针对各地的实际情况做更为具体的分析，结合不同的模式分析不同类别核心方融合过程中出现的具体问题。科技管理部门在分析核心方融合存在的问题时，应从具体的案例出发，研究出具体存在的问题，但是最终要根据多个个案中的问题，归纳总结出不同转化模式下，不同类别核心方融合过程中的共性问题。这个研究过程也需要从事科技成果转化理论研究的专家共同参与，要结合当地的实际情况找到最痛的痛点，然后制定政策解决之。

第四，核心方哪些问题可以直接通过政策解决？

科技管理部门制定政策会涉及政策的催化对象。首先要明确哪些问题是可以通过直接对核心方进行催化而解决的。通过政策能够直接解决的问题实施起来较为简单。

例如，在当前的科技成果转化过程中，存在科技人员对科技成果转化动力不足的现象，这属于核心方融合时驱动力型要素缺失的问题，因而，政府出台了一系列政策来增加核心方的融合驱动力。2015 年 10 月，新版《中华人民共和国促进科技成果转化法》开始实施，其中明确规定从科技成果转让净收入或者许可净收入中提取不低于 50% 的比例作为完成、转化职务科技成果做出重要贡献人员的奖励和报酬。该法律文件从利益驱动的角度提升了科技人员的融合动力。2017 年 3 月，人社部印发了《关于进一步支持和鼓励事业单位科研人员创新创业的指导意见》，明确了进一步支持和鼓励事业单位科研人员创新创业的具体政策措施，从解决后顾之忧的角度提升了科技人员的融合动力。这些政策的实施直接提升了核心方融合的动力，起到了快速促进科技成果转化的作用。

第五，核心方哪些问题可以借助技术转移服务机构解决？

科技成果转化是一个复杂的过程，能够通过政策直接解决的问题往往是共性问题。核心方融合时的大部分问题都不是共性问题，而是个性问题。政府的人员和精力是有限的，无法直接参与解决个性问题。需要借助技术转移服务机构的力量来解决这类问题。政府根据前面分析出的问题并结合当前技术转移服务机构所能提供的催化功能，分析核心方融合过程中的哪些问题是需要技术转移服务机构来解决的，进而明确政府对技术转移服务机构的引导方向。

第六，催化功能发展状况是怎样的？如何完善？

承载普通催化功能的载体是技术转移服务机构。在我国各省市中，技术转移服务机构的水平发展不均衡。在一些发达省份中，技术转移服务机构催化功能的水平较高，种类较为完备，能够满足科技成果转化的基本催化需求，但在有些省市中，技术转移服务机构的发展非常滞后。许多机构的催化功能非常弱，无法满足科技成果转化的基本催化要求。

政府要详细了解本地技术转移服务机构的发展情况以及其能提供的催化功能。再细致一些，还要判断其催化功能的强弱，然后根据实际情况制定相应的政策，提升催化功能的水平，引导技术转移机构的发展。

第五节　常见科技成果转化模式解析

在很多文献中都有关于科技成果转化模式的介绍，这些模式对于指导科技成果转化具有重要的意义。但是，在科技成果转化实操中会发现一个现象，许多人对各种模式的理解并不深入，没有理解各种模式的本质特点，因而在科技成果转化过程中只能简单地套用，达不到灵活运用的要求。

本节借助科技成果转化“核心-催化”理论，分析常见的科技成果转化模式，进而对科技成果转化模式进行拓展，以便读者在实操中根据实际情况运用“核心-催化”理论灵活确定科技成果转化模式。

一、基本模式分类

根据科技成果转化过程中核心功能的组合方式，可将成果转化过程分为自转化和他转化两类模式。

自转化是指科技成果转化的三个核心功能主要由同一个机构实现。也就是说，就某项科技成果的转化而言，技术研发、技术实施和投资三个功能都是由一个机构完成，这个机构一定是一个 G 类企业。例如，华为手机核心技术的研发、实施和资金投入都是由华为公司自己完成。华为的手机生产技术就是通过自转化的模式转化为现实生产力的。很多企业研发的技术都是通过自转化的模式转化为现实生产力的。自转化的过程只涉及核心方自身的问题，而不涉及核心方之间的合作，因而不存在融合的问题，转化效率非常高。

他转化是指科技成果转化的三个核心功能由两个或两个以上机构完成。高校、科研院所的绝大部分科技成果都是通过他转化的模式转化为现实生产力的。由于他转化模式涉及多方合作，就会出现核心方融合的问题，转化的难度较大。需要他转化的科技成果是当前科技成果转化促进工作的难点对象和重点对象。

二、《促进科技成果转化法》中转化模式解析

2015 年 10 月开始实施的新版《中华人民共和国促进科技成果转化法》第十六条规定："科技成果持有者可以采用下列方式进行科技成果转化：（一）自行投资实施转化；（二）向他人转让该科技成果；（三）许可他人使用该科技成果；（四）以该科技成果作为合作条件，与他人共同实施转化；（五）以该科技成果作价投资，折算股份或者出资比例；（六）其他协商确定的方式。"

下面将借助"核心-催化"理论分析以上六类科技成果转化模式。

1. 自行投资实施转化

这是自转化模式。要求科技成果持有者同时具备研发、实施和投资功能，对科技成果持有者的要求较高。这种模式下，不发生知识产权的转移，没有核心功能融合的问题，转化成功的概率大。但在现实中，能够满足自转化基本要求的机构不多，主要是大企业。高校或科研院所则很少能达到这个要求，因而采用这种模式的情况相对较少。

2. 向他人转让该科技成果

这是他转化模式的一种类型。转让涉及科技成果所有权权属的转移。当涉及国有资产交易时，需要履行的手续较多，交易周期相对较长。随着职务发明所有权的改革，这方面的阻碍会越来越少。成果持有方通过这种模式可以一次性拿到收益回报，没有后续的不确定性，而买方承担后续实施的风险。因而该模式适合成熟度高的科技成果。《中国科技成果转化年

度报告 2018》对我国 2766 家高校和科研院所的统计数据表明，2017 年，这些机构以转让方式转化科技成果的合同项数为 5988 项，占总合同总项数的 60.4%。《中国科技成果转化年度报告 2019》对我国 3200 家高校和科研院所的统计数据表明，2018 年，以转让方式转化科技成果的合同项数为 7250 项，占总合同总项数的 64.1%。由此可见，在当前，转让是我国高校院所科技成果转化最常见的方式。

在该模式下，卖方只要具备研发功能即可，是否具备其他功能并不重要。而买方则是需要具备实施该技术的能力和实施该技术所需要的资金，最简单的合作模式是 A+E→G（字母代表核心方的类型，下同）的模式，也就是技术卖方直接和同时具备实施能力和资金的企业合作。当然，在实操中还会出现多种其他形式，例如，先 A+C→F，然后再 F+B→G，即技术卖方先将技术卖给投资公司，然后拥有技术的投资公司再找到具备实施该项技术的团队合作从而满足科技成果转化为现实生产力的必要条件。

注意，这部分的分析都是以科技成果转化为现实生产力为最终目的的，如果仅以技术转移为目的，要求会简单些。在第三章将会介绍科技成果转化与技术转移的区别和联系，然后再来理解这些模式会更清晰。

3. 许可他人使用该科技成果

这也是他转化模式的一种类型。这个模式与向他人转让该科技成果模式的主要区别是转让成果涉及所有权权属的转移，而许可则不涉及所有权权属的转移，只是使用权的转移。《中国科技成果转化年度报告 2019》的统计数据表明，2018 年，以许可方式转化科技成果的合同项数为 3544 项，占总合同项数的 31.4%。从占比看低于转化方式，但是从平均合同金额来看，许可模式的平均合同金额为 139.9 万元，高于转让模式的 66.9 万元。这主要是因为转让的收益是一次性的，而大部分许可都采取“入门费”加销量提成的模式。在欧美国家高校的技术转移中，专利许可是最主要的技术转移模式。

转让和许可这两个模式中参与的核心方类型较为相似，都是 A+E→G 为主的模式。但是根据许可类型的不同，许可模式中技术使用权买方会有所变化。专利许可按许可方所授予被许可方的权利和范围大小，可分为：独占许可、排他许可、普通许可、分许可和交叉许可。下面对科技成果转化中最常见的三种许可方式进行分析。

①独占许可是指被许可方不仅取得在规定的时间和地域内实施某项专利技术的权利，而且有权拒绝任何第三者，包括许可方在内的一切其他人在规定的时间、地域内实施该项技术。在独占许可方式下，A+E→G 模式的转化只能发生一次。

②排他许可是指在一定地域中，许可方只允许被许可方一家而不再许可其他人在该地域内实施其专利，但许可方仍有权在该地域内实施。也就是说，排他许可除了不能排斥许可方本人实施以外，与独占许可基本相同。在排他许可方式下，科技成果转化可能发生两次。技术拥有方与许可方合作，实现了 A+E→G 模式的科技成果转化。同时，如果技术拥有方是 D 类核心方，也具备实施能力的话，则可以再与 C 类投资方合作，再一次转化这项技术，即 D+C→G 的模式。但是，如果技术拥有方只是 A 类核心方，本身不具备实施能力的话，则排他许可的方式意义不大。

③普通许可是指许可方允许被许可方在规定的时间和地域内使用某项专利，同时许可方自己仍保留在该地域内使用该项技术，以及再与第三方就同一技术签订许可合同的权利。在普通许可方式下，可能发生多次 A+E→G 模式的科技成果转化，也可能同时发生 D+C→G 模式的科技成果转化。

4. 以该科技成果作为合作条件，与他人共同实施转化

这也是他转化的一种模式。这种模式的特点是与他人共同实施转化，要求科技成果卖方和买方都要具备一定的实施功能，对科技成果持有者的要求较高，需要为 D 类科研人员。这种模式最常见的融合模式是 D 类核心方与 E 类企业合作，即以 D+E→G 的模式实现科技成果转化。在实操中，如果本身不满足这种模式的基本要求，也可以分步实现这类转化过程。例如，A 类科研人员先与 B 类创业者合作，形成一个关系紧密的 D 类团队，然后再与 E 类企业合作，最终满足科技成果转化为现实生产力的必要条件，形成 G 类企业。即先 A+B→D，然后 D+E→G。同样，买方也可以分步实施。B 类企业可以先与 C 类投资机构合作，形成较为紧密的 E 类团队，然后再与 D 类科研人员合作，最终实现科技成果转化三个核心功能的融合，形成 G 类企业。即先 B+C→E，然后 D+E→G。

5. 以该科技成果作价投资，折算股份或者出资比例

这也是他转化的一种模式。这种模式没有对参与科技成果转化的核心方提出明确要求，重点给出了科技成果持有方获取收益的一种形式。科技成果作价投资是一种重要的科技成果处置方式，可以使合作双方风险共担，共同全力推进科技成果转化，同时共享丰厚收益。《中国科技成果转化年度报告 2019》的统计数据表明，2018 年，被统计的 3200 所高校和科研院所以作价投资方式转化科技成果的合同项数为 508 项，占总合同总项数的 4.5%，属于占比最低的一类。但是作价投资模式的平均合同金额为 1559.3 万元，远高于转让模式和许可模式。

6. 其他协商确定的方式

以上五种模式是科技成果转化过程中最常见的模式，在科技成果转化实操中可以直接应用，有助于快速地实施转化。通过对这些模式的分析可以发现，不同模式的区分主要是不同核心方的组合、不同权属的转移以及核心方不同收益方式。实际上，这三点的变化会衍生出无数的具体科技成果转化模式，这个结论与科技成果转化实践中感受到的现象是一致的：科技成果转化本没有固定模式，某个思路被用得多了也就成为了一种模式。在实操中，只要深入理解核心方的融合机理、不同权属的转移特点和不同收益方式的特点，便可以灵活设计科技成果转化模式，找到最优的科技成果转化路线。下面介绍几种在现实中存在的科技成果转化模式，并利用科技成果转化“核心-催化”理论进行分析。通过这几个例子引导大家分析并建立科技成果转化模式的思路。

（1）D+C→G 模式

这种模式就是具有创业能力的技术团队通过与投资机构合作进行创业的一种模式。这种模式在现实中也很常见，而且也是科技成果转化的一种重要模式。需要注意的是，这种模式不是自实施类型，而是他实施类型。

虽然这个成果是由 D 类技术团队自身实施的，但是如果没有 C 类投资机构的资金进入，D 类技术团队是无法实施这项成果的。

（2）F+B→G 模式

这种模式就是有创业资金但没有创业能力的技术团队与 B 类创业者合作创业的一种模式。这种模式的案例在当前还较少，主要原因有两个：一是 F 类科研人员并不多；二是在有些情况下实施功能并未受到重视。

例如，政府对高校院所资助经费进行相关科技成果的转化，但是在资助团队的筛选过程中，并未有实施功能的要求，因而就存在将科技成果转化资金资助给 A 类技术团队的情况。这种资助完成后，A 类技术团队就变成了 F 类技术团队，依然不具备实施该成果将其转化为现实生产力的能力。这种现象在很多成果转化资金资助过程中都存在，这也是导致科技成果转化资金效率低的一个重要原因。如果在筛选资助团队的要求中，明确提出对实施功能的要求，或者在形成 F 类技术团队后，及时引入具有实施功能的创业者，则科技成果转化资金的效率将会得到较大提升。

除此之外，随着《促进科技成果转化法》中对科技成果研发人员相关奖励措施的实施，将会有一批高校院所中的 A 类科研人员会变为 F 类科研人员，因而，这种模式在未来的科技成果转化过程将会更多地出现。

（3）D+nC→G 模式

这种模式就是同时具备技术研发功能和实施功能的创业团队通过众筹的方式进行科技成果转化，也是一种常见的模式。此处 nC 中的 n 是指有 n 个 C 类投资方。例如，海尔小帅影院在京东众筹的案例中，海尔小帅依托海尔内部的科研和营销实力，在渠道销售方面，海尔也给予了大力支持。可以看出，海尔小帅本身具备研发能力和实施能力，但是在资金方面有缺口，是 D 类创业团队。在京东众筹参与投资的多个大众投资人只是提供资金支持，并不参与技术研发和实施，因而每个大众投资人都是 D 类投资人。

在实际操作中，科技成果转化模式是千变万化的，但万变不离其宗。只有深入研究科技成果转化过程的本质特点，才能在科技成果转化过程中找到正确的发力方向。

第六节　科技成果转化案例分析示例

一、案例介绍

2017年，山东理工大学毕玉遂教授团队研发的无氯氟聚氨酯化学发泡剂，以20年独占许可（美国和加拿大除外）的方式卖给补天新材料技术有限公司，总价5.2亿元，刷新了国内科技成果转化新纪录。

发泡剂是生产聚氨酯泡沫材料的重要原料，在喷涂、冰箱、板材、集装箱、冷库、LNG贮存等领域都有聚氨酯泡沫材料的身影，此前，聚氨酯发泡剂由欧美国家发明，都是物理发泡剂，均含氯、氟，对臭氧层有破坏作用。

从2003年开始，毕玉遂教授开始研究无氯和氟的聚氨酯化学发泡剂。类似的研究在当时一片空白，没有理论依据，没有可以参考的文献。在研究过程中，毕玉遂以解决实际需求为导向，而不以发表论文为导向，同时由于保密等原因，也无法发表论文，从而也就无法申请到课题经费。开展该研究所需经费主要来自毕玉遂的工资和朋友资助。在这样艰苦的条件下，经过多年的研究，2011年聚氨酯化学发泡剂终于试验成功。

但是，研究成功后毕玉遂却又面临另一块心病——如何转化这个成果？要想转化先要保护，申请专利保护吗？毕玉遂考虑到：“在提交专利申请的时候，需要说出具体的制备方法、基本原理等详细的技术路线和过程，所以一直不敢提交。”因而，毕玉遂一直以技术秘密的形式保护着这项技术。但是技术秘密保护是有风险的！他们获得颠覆性创新成果的消息不胫而走，闻风而动的国外化工巨头频频前来打探消息。其间还发生过一次意外事件，科研团队实验室的18台计算机的硬盘曾被盗窃一空，幸亏因关键信息不在其中才侥幸躲过一劫。毕玉遂还深深地知道：“一些大公司仅靠公开的‘无氯氟’‘化学法’等几个字就能获得启示，凭借他们在逆向研发、专利布局等方面的强大优势，不出三年就会破解。”为此，毕玉遂寝食难安。

2014 年，毕玉遂曾想过以申请国防专利的形式来保护自己的技术，但因为国防专利在转化过程中军转民的程序较复杂，最终没有申请。2016 年 5 月底，国家知识产权局派出了一个由副司长带队的微观专利导航团队，他们在山东理工大学住了大约 20 天。该专利导航团队指导毕玉遂研发团队开展了国内、国际专利的布局、撰写、申请等工作，申请了多件中国专利和 PCT 国际专利，形成了合理的专利布局，使得这项创新成果得到了较强的保护。

成果保护好了，接下来就是如何更好地实现转化。为了促进这个成果高效转化，山东理工大学破例组织了一个谈判组，包括分管科研的副校长，财务处、科技处和法律事务室的相关人员。毕玉遂主要谈技术问题，谈判组负责价格、合同等方面的谈判。

最终，在 2017 年，该项技术以 5. 2 亿元的价格以独占许可的方式卖给了补天新材料技术有限公司。

二、案例分析

以上案例是一个非常典型的高校科技成果转化实例，其中所体现的一些经验和信息对我们有很大启发。下面，我们借助“核心-催化”理论对该案例进行分析。

1. 核心方

该案例中的核心方为毕玉遂团队和补天新材料技术有限公司。毕玉遂团队在该成果的转化过程中发挥研发功能的作用，属于 A 类研发人员。补天新材料技术有限公司负责推广应用该项技术并提供该技术应用和推广所需的资金，发挥实施功能和投资功能，属于 E 类企业。这个案例是典型的 A+E→G 的转化模式，这种模式在高校院所的科技成果转化成功案例中占比较高。

2. 技术研发的发展

从技术研发单维度发展的角度来说，该案例也具有很好的借鉴意义。

毕玉遂团队在开展聚氨酯化学发泡剂研发过程中，从研发一开始就以市场需求为导向，而不以发表论文为导向。众所周知，在他开展研究的2003—2011年这个时间段，在高校对教师的考核中，论文占有极高的权重，有时甚至是前提条件。毕玉遂在当时就能够做到不以发表论文为导向，潜心研究十几年，专注解决实际问题，这种精神令人敬佩。

毕玉遂在确立研究方向的时候所参考的信息并不仅局限于文献中的信息，而是多和企业家交流，借助企业家对市场的把握和理解获取有价值的信息，从而使得选题能够既前沿又符合实际需求。毕玉遂的研究经历为我们很清晰地诠释了这句话：方向对了，就不怕路远。

“唯论文”现象对应用研究的发展产生了非常大的负面影响，严重阻碍了科技成果向着转化方向的发展。最近几年，国家相关部门出台相关政策坚决破除“唯论文、唯职称、唯学历、唯奖项”等现象，鼓励科技成果转化。这对于科研人员尤其是开展应用研究的科研人员来说尤为重要。高校及科研院所是科技成果的重要“供给侧”，只有科技成果的研发功能与市场接轨了，后续的功能才能更好地融入进来，最终实现科技成果转化为现实生产力。

3. 保护催化

聚氨酯化学发泡剂技术在2011年就取得了试验成功，具备了科技成果转化的初步条件。但是，直到2017年才实现最终的转化。那在这个过程中阻碍转化的原因是什么呢？

从案例的描述中可以看出，毕玉遂对相关生产企业比较熟悉，想要和他合作的企业也很多。由此可知，此次转化过程并不缺少核心方。由毕玉遂申请专利的曲折过程可知，阻碍该成果转化最主要的原因是缺少保护。我们从该案例中在保护催化方面得到三点启发：

①采用技术秘密的方式保护的技术转化难度大。毕玉遂最初一直以技术秘密的形式保护着该技术。技术秘密的特点就是不能告诉别人，一旦说多了对方会把技术偷走，说少了对方又不能深入了解，因而双方也就很难达成一致。这也是技术秘密在转移转化过程中的一个难点。而技术申请了

专利就可以在保护好技术的基础上公开更多技术信息，让买方也更放心，双方容易达成合作。

②科研人员要了解基本的知识产权保护知识。如上所述，技术秘密转让难度大，为什么早期毕玉遂没有申请专利呢？是他不懂吗？不是的，恰恰是因为毕玉遂懂专利。毕玉遂当时没有申请专利的策略是正确的。因为聚氨酯化学发泡剂最主要的交付物是工艺，工艺类的科技成果在借助专利进行保护时的难度很大。有时单凭一个专利很难起到保护作用，需要进行合理的专利布局。如果没有布局好就贸然申请了一个质量不高的专利，那无异于将技术无偿公开，更起不到保护作用。在没有接触到信得过的专利代理机构之前，毕玉遂没有随意申请专利的做法是对的。科研人员应熟悉专利的基本知识，了解不同专利代理机构的导向，选择合适的时机申请专利。

③保护催化功能对于科技成果转化的促进作用非常大。该案例的保护催化功能最终是由国家知识产权局派出的微观专利导航团队来承担的。该案例能以 5 亿多元的价格成交，其中也有该保护团队很大的功劳。2016 年技术得到保护，2017 年就实现了技术许可。由此可见，专业的团队对于促进科技成果转化来说是极其重要的。当然，这个案例也只是个例，不可能所有的科技成果都由国家知识产权局的团队来保护，培养能够真正为技术提供全面保护的专利代理机构才是长远之道。降低对专利数量的追求，增加对专利质量和专利转化数量的追求才能真正发挥专利的保护作用。

4. 其他催化

在该案例中，山东理工大学破例组织了一个谈判组，包括分管科研的副校长，财务处、科技处和法律事务室的相关人员。毕玉遂主要谈技术问题，而谈判组则负责价格、合同等方面的谈判。从组成来看，这个谈判组能够提供信息催化、合同撰写等保护催化、技术价值发现催化等功能。这些功能很好地补充了核心功能融合过程中缺失的要素。该谈判组是破例组织的，可见学校领导对该成果的重视。从科技成果规模化转化的角度来说，高校科研人员都需要这样一个团队来提供专业的催化功能。如果能够在高校培养一批专业的技术经理人来替代这个谈判组，并且形成常态化服务，必将极大地促进科技成果规模化转化。

在教育部、科技部《关于加强高等学校科技成果转移转化工作的若干意见》，教育部、国家知识产权局、科技部《关于提升高等学校专利质量　促进转化运用的若干意见》，科技部、教育部《关于进一步推进高等学校专业化技术转移机构建设发展的实施意见》等文件中，均对加强高校技术转移机构和人才队伍专业化建设做出部署，强调让专业的人干专业的事，发挥技术经理人的专业优势，为高校和科研人员转化科技成果提供专业化服务，促进科技成果高水平创造和高效率转化。

第三章　技术转移过程分析

第一节　技术转移相关概念

科技成果转化与技术转移这两个词在实践中经常出现，有些人认为，科技成果转化是我国的专有词汇，技术转移是外国的说法，两者所表达的含义基本是一致的。但是，在有些政策文件中又存在转移与转化并行的情况，此情况下两者并非同一个含义。这种概念模糊的现象并不只是单纯的文字含义模糊的问题，而是会直接影响科技成果转化过程中相关人员沟通和信息传递的准确性，进而会影响其思维及实际的科技成果转化操作。厘清两者的联系与区别对于科技成果转化具有实践层面的意义。本章通过对技术转移基本概念和常见技术转移模式的分析，借助“核心-催化”理论将技术转移与科技成果转化相对比，从理论和实操两个层面明确技术转移与科技成果转化的联系和区别，以期在实操层面做好科技成果转移转化工作。

一、技术转移定义

1. 定义概述

技术转移一词是来源于英语的外来词，其英文为“Technology Transfer”。在文献和实际应用中所涉及的技术转移定义有很多，在此介绍几个比较典型的定义。

1968 年，美国哈佛大学布鲁克斯（H. Brooks）给出的定义为：技术转移是在一个团体或机构中发展起来的、合理体现在其他团体或机构所做的事情中的知识。他认为有两种转移，一种是纵向转移，指知识从一般的、共性的领域转移至更为专门的领域，往往是新的基础科学知识向应用技术的领域转移，即广义的技术转移；另一种是横向转移，指技术从一个应用场合转移至另一个应用场合，即狭义的技术转移。这个定义中的技术转移是知识从一个群体到另一个群体的转移。广义和狭义的区分通过群体的应用领域范围和地点来实现。

1978 年，联合国《国际技术转移行动守则草案》中把技术转移定义为“关于制造产品、应用生产方法或提供服务的系统知识的转移，但不包括货物的单纯买卖或租赁”。这个定义更加简单，没有转移对象的约束，也就是说，在不同对象、不同地点、不同专业领域或应用范围中转移都是技术转移。

20 世纪 90 年代中后期，技术转移研究学术界有这样的共识：将技术的时空传播称为技术扩散；从实验室向生产单位的技术转移称为技术转化；技术所有人将使用权授予他人的活动称为技术转让。而所有这些全部统称为广义上的技术转移。这个共识将技术扩散、技术转化、技术转让等都归类于技术转移。

在以上的定义中，都没有涉及技术转移过程的费用问题。因为如果单纯以转移后应用为目的的话，其转移的动力来源于技术的应用前景，费用并非定义的重点。但是随着技术转移的快速发展，通过技术相关权属的转移获利也成为一个重要的技术转移驱动力。因而，技术转移的定义也在发生变化。

2017 年，由科技部提出，全国服务标准化技术委员会归口，科技部火炬中心等单位参与研究和起草的国家标准《技术转移服务规范》正式发布。该标准明确给出了技术转移的定义：制造某种产品、应用某种工艺或提供某种服务的系统知识，通过各种途径从技术供给方向技术需求方转移的过程。这个定义明确提出了技术供方和技术需方的概念，只要技术在这两方实现了转移则是技术转移，而具体为什么需求则没有约束。

2018 年，熊焰等编写的《专利技术转移理论与实务》一书中提到：狭义的技术转移是指作为生产功能的技术，通过有偿或无偿的各种途径，从技术源向技术使用者转移的过程。广义的技术转移是各种形态的技术及相关功能从技术源向技术使用者的转移。这两个定义也比较有实际意义。狭义的定义明确技术转移是一个过程，而广义的定义则认为技术转移是一个结果。这与我们现实中的说法也是相符的，在有些场合我们说技术转移时指的是技术转移的过程，而有的场合则是指技术已经从供方转移到需方了这个结果。这种定义方式，与第一章中提到的科技成果转化作为过程和作为结果的两种定义方式较为接近。

2. 定义分析

不同的定义传递不同的信息。以上这些定义的侧重点各有不同，所表达的内容也不尽相同，在技术转移的实操过程中要注意区分。根据以上分析并结合当前的技术转移实践，本书认为《技术转移服务规范》中技术转移的定义可操作性更强，更符合当前实际发生的技术转移，在分析时更容易说明问题。因而，本书后续所探讨的技术转移以《技术转移服务规范》中的定义为准。

由《技术转移服务规范》中技术转移的定义可以得到以下两点认识：

①转移的对象是“制造某种产品、应用某种工艺或提供某种服务的系统知识”，这与应用类科技成果基本一致。

②技术转移的导向是实现技术由供给方向需求方的转移。可以是技术使用权全部或部分转移，也可以是技术所有权权属全部或部分转移。

二、技术转移核心功能和催化功能

根据技术转移的定义和核心功能的定义，在技术转移过程中能够发挥核心作用且必不可少的功能是技术供给功能和技术需求功能，因而这两个功能就是技术转移的核心功能。具备技术供给功能的团队称为技术供给方，简称供方，也常称为卖方。具备技术需求功能的团队称为技术需求方，简称需方，也常称为买方。

在实操中，供方是谁？需方又是谁？这是一个很关键的定位问题。有些人认为技术的供方就是技术研发方，需方就是企业。但这种观点显然不够全面和精确，这只是供方和需方的一种出现形式。厘清供方和需方在现实中出现的方式对于明晰思路至关重要。在现实中，供方和需方的出现形式是千变万化的。我们根据几百个技术转移成功案例，结合科技成果转化“核心-催化”理论中核心方的类别对技术转移供方和需方的类型归纳如下：

（1）常见供方类型

①A 类核心方。

②D 类核心方。

③F 类核心方。

④技术中介类，凡是并非通过自己研发而获得技术并进行技术转移的供方，都归类于技术中介类供方。

（2）常见需方类型

①E 类核心方。

②C 类核心方。

③F 类核心方。

④G 类核心方，这类需方在研发功能方面往往只具备熟化能力，不具备低成熟度技术的创新研发能力。

⑤B 类核心方，这类需方在与供方合作初期不是以资金而是以实施能力与供方合作获得技术的部分使用权或所有权。

⑥技术中介类，凡是不以技术熟化或实施为目的而进行技术转移的需方，都归类于技术中介类需方。

以上这些类别在实操中的出现方式将会在下一节技术转移模式对比分析部分详细介绍。由供方和需方可能出现的类型可以看出，技术转移中的供需双方主要也是由前面科技成果转化“核心-催化”理论中提到的 7 类核心方所变化形成的。既然核心方的本质基本是一样的，因而技术转移过程也是核心方融合的过程。区别在于，实现技术转移的结果不需要像实现科技成果转化为现实生产力这个结果一样必须具备 3 个核心功能。技术转移过程中供需双方在合作中存在的一些融合问题与科技成果转化过程的融合问题基本一致，因而技术转移的催化功能和催化方与成果转化的催化功能和催化方也基本相同。

在本书后续章节中，分析技术转移过程时，也是借助科技成果转化“核心-催化”理论中所明确的 7 类核心方和多个催化方来描述相关问题。

第二节 技术转移与科技成果转化对比分析

本节将通过对技术转移常见模式的分析，结合实际案例将技术转移中的供方和需方与科技成果转化中的核心方建立联系，从而明晰技术转移与科技成果转化的联系和区别，加深对技术转移的理解，为技术转移实操提供理论指导。

一、模式对比分析

技术转移的模式非常多，表 3-1 所示的只是几个常见技术转移模式。在不同的模式中，供方和需方具备不同功能。下面，我们逐一分析这六种模式。

表 3-1 常见技术转移供方和需方

模式代号	供方	需方
M1	A 类核心方	E 类核心方
M2	D 类核心方	C 类核心方
M3	F 类核心方	B 类核心方
M4	A 类核心方	F 类核心方
M5	A 类核心方	C 类核心方
M6	技术中介	G 类核心方

注：表中核心方的类别是科技成果转化核心方的类别。

1. 模式 M1 分析

这种模式的供方为仅具有研发功能的 A 类核心方，需方为同时具备实施功能和投资功能的 E 类核心方。常见的技术供方为科研院所，技术需方为本身具备实施该技术能力和资金的企业。供方向需方转移的可能是技术使用权，也可能是技术所有权。由于这种转移模式的目的是以技术转化为现实生产力为导向的，如果转移的是技术的所有权，则这种技术转移模式与第二章中所介绍的《促进科技成果转化法》中的第 2 种科技成果转化模式的本质是一样的；如果转移的是技术的使用权，则这种技术转移模式与第二章中所介绍的《促进科技成果转化法》中的第 3 种科技成果转化模式的本质是一样的。

2. 模式 M2 分析

这种模式的供方为同时具有研发功能和实施功能的 D 类核心方，需方为仅具备投资功能的 C 类核心方。常见的供方为高校院所中的 D 类科研人员或高新技术创业公司，需方为专业投资机构。供方向需方转移的可能是技术使用权，也可能是技术所有权。这种转移模式的目的也是以技术转化为现实生产力为导向的。这种技术转移模式与第二章中所介绍的其他协商确定的方式中的 D+C→G 模式的本质是一样的。

3. 模式 M3 分析

这种模式的供方为同时具有研发功能和投资功能的 F 类核心方，需方为仅具备实施功能的 B 类核心方。常见的供方为 F 类科研人员，需方为职业经理人。这里所说的职业经理人不是拿工资的一般职业经理人，而是具备行业背景、专业知识和实施能力，能够在与供方合作的过程中靠自己的能力获得公司股权的职业经理人。一旦双方合作，需方获得了股权，也就相当于拥有了技术的部分使用权或所有权，技术实现了转移。这种转移模式的特点是，供需双方在技术转移过程中，不是以金钱来支付技术转移的报酬。这种转移模式的目的也是以技术转化为现实生产力为导向的。这种技术转移模式与第二章中所介绍的其他协商确定的方式中的 F+B→G 模式的本质是一样的。

以上三种模式中，每个模式的供方和需方所具备的核心功能合起来都能够满足科技成果转化为现实生产力的必要条件，技术转移的目的是在转移后直接将技术转化为现实生产力。因而这几种模式既是技术转移模式又是科技成果转化模式。

4. 模式 M4 分析

这种模式的供方为仅具有研发功能的 A 类核心方，需方为同时具备研发功能和投资功能的 F 类核心方。常见的供方为高校院所中的 A 类科研人员，需方为技术熟化机构。在这种模式下，供需双方都具备研发功能，但两者的研发功能是不一样的。供方主要具备研发低成熟度技术的能力，也就是理论研究阶段和实验室模拟研究阶段。需方要具备将技术由低成熟度熟化形成能够工业化生产技术的能力，同时需方还要具备购买低成熟度技术的资金。这种模式下，转移的是所有权。需方购买技术的目的不是将该技术实施，而是将技术熟化后，再通过转让或许可技术的方式获利。

在 2017 年 9 月国务院印发的《国家技术转移体系建设方案》中，第二部分优化国家技术转移体系基础架构中明确提到："依托企业、高校、科研院所建设一批聚焦细分领域的科技成果中试、熟化基地，推广技术成熟度评价，促进技术成果规模化应用。"这里所提到的中试、熟化基地就可以采取这种技术转移模式。还有许多社会化的技术熟化机构同样也可以采用这种技术转移模式。

这种模式中的供需双方所具备的功能并不满足科技成果转化为现实生产力的必要条件，因而，这一技术转移活动不能实现科技成果转化为现实生产力这个结果，但却是科技成果转化链条中的一个环节，是一次科技成果转化活动。

5. 模式 M5 分析

这种模式的供方为仅具有研发功能的 A 类核心方，需方为仅具备投资功能的 C 类核心方。常见的供方为高校院所中的 A 类科研人员，需方为技术中介机构。在这种模式下，技术中介借助自身的技术评价能力，发现具备应用价值的技术并将其所有权买下，实现了技术所有权的转移。需方购买技术的目的并不是将其直接应用于实际生产，而是为了通过再次转让或许可该技术获利。

这种模式的合作双方也要签订技术转让合同，是一次典型的技术转移过程。但是供需双方合起来仅有研发功能，只是一次技术买卖活动，无法实现科技成果转化为现实生产力这个结果。

6. **模式 M6 分析**

这种模式的供方为并不具备科技成果转化核心功能的技术中介机构，需方为同时具备研发功能、实施功能和投资功能的 G 类核心方。常见的需方为 G 类生产企业，这类企业只有将技术产业化的能力，并没有开展前期基础研究的团队。在这种模式下，供方所拥有的技术是通过技术转让获得的，本身并没有熟化能力。需方购买该技术的目的是将科技成果转化为现实生产力。由于供需双方合作后具备了技术转化的必要条件，因而这也是一种技术转化模式。值得注意的是，该模式下的需方自身已经具备了技术转化所必需的三类核心功能，但是依然不能实现自转化，主要是因为此时供方所具备的研发功能并不完善。这个模式再次说明了三个核心功能只是科技成果转化为现实生产力的必要条件，而不是充分条件。

以上模式中 M5 和 M6 合起来就是技术中介完整的技术买卖行为。技术中介买入技术和卖出技术的行为每一次都实现了技术转移的结果，两次连起来就完成了技术的转化。这种技术买卖活动对于活跃技术市场，促进科技成果转化具有积极的意义，在实际的技术转移成功案例中也经常出现。以下案例中，青岛某技术转移服务机构就是通过一次 M5 模式的技术转移和三次 M6 模式的技术转移，将一项技术转化了三次。某高校的张教授团队、某技术转移服务机构和被许可的三家企业都从这项转化中收益颇丰，实现了多赢。

案例：青岛某技术转移服务机构在为青岛某高校张教授提供科技成果标准化评价服务的过程中，发现该技术具有较广的应用范围，各项指标非常适合自己的多个企业客户。于是，该技术转移服务机构以技术转让的方式以100万的价格购得该技术专利的所有权以及后续与推广相关的技术服务。之后，该技术转移服务机构又通过三次区域内独占许可的方式分别将该技术许可给广东、江苏和河南的三家公司，每次许可的费用在80万元左右。

二、科技成果转化与技术转移的联系和区别

在借助“核心-催化”理论对科技成果转化和技术转移模式的对比分析中，可以很清楚地看出科技成果转化与技术转移之间的联系和区别。

1. 科技成果转化和技术转移的区别

①两者的导向不同。科技成果转化是以科技成果转化为现实生产力为导向的；而技术转移是以技术使用权或所有权的转移为导向的。

②两者的定义范围不同。科技成果转化和技术转移不是一方包含另一方的关系。一方面，在自转化类型的科技成果转化过程中，技术的研发、实施和投资功能都是由一个公司实现的，这个过程中不存在技术相关权利的转移，因而技术转移不能完全包含科技成果转化活动。另一方面，有一小部分技术转移活动虽然实现了技术相关权利的转移，但与该技术转化为现实生产力的方向是无关的，甚至是相反的。例如，某公司购买某个专利的独占许可权并不是为了使用这个专利，而是为了不让别人使用这个专利，最终这个专利也无法在实际生产中发挥作用。

③操作链条长度不同。实现一次科技成果转化为现实生产力的过程涉及的因素较多，链条较长，因而实现周期较长；而实现一次技术的转移相对来说涉及的因素较少，链条较短，因而实现周期较短。

④数据统计的可实现性不同。技术合同登记只能统计技术交易的量，这些技术交易过程都实现了技术的转移，只是一种科技成果转化活动，但不一定能够实现科技成果转化为现实生产力。因而，技术转移的数量是可以统计的，但是，已经转化为现实生产力的科技成果的数量在现实中是不易统计的。

2. 科技成果转化和技术转移的联系

①从市场化的角度来看，两者的操作对象基本相同，都是技术，或者

说是应用类科技成果。

②绝大部分技术转移活动都是科技成果转化链条中的一个环节，是科技成果转化活动的一种类型。许多人在实操中基本不区分科技成果转化和技术转移，主要就是因为这个共同点。

③从较大范围来看，大部分技术转移的最终目的也都是将技术转化为现实生产力，技术转移数量的增加必将使更多的技术转化为现实生产力。因而推动技术转移的发展与促进科技成果转化并不矛盾。

3. 小结

从总体上来说，科技成果转化的导向更有利于经济、科技和社会的发展。应引导科研人员沿着这个正确的导向发展，才能发挥科研的真正作用。但是在实际开展工作的过程中，科技成果转化存在链条较长、统计难度大、可操作性相对较低的缺点。因而科技成果转化常作为宏观指导性政策的用词。

虽然从宏观上来讲不能过度鼓励技术的“转移”而忽视“转化”，但是，从总体来说，技术转移的蓬勃发展有助于促进科技成果转化，而且技术转移实现的链条很短，便于统计，可操作性更强，更容易实现。推动技术转移更符合科技成果转化市场化的趋势。因而，在涉及具体操作时，常说的是技术转移。在本书后续章节中，均是以指导具体实操为导向，因而大部分用技术转移的表述。

了解以上的区别和联系，就可以更清楚地解读或理解实操中的相关表述。下面举两个例子：

①自 2015 年开始，我国陆续出台了修订版《促进科技成果转化法》《实施〈中华人民共和国促进科技成果转化法〉若干规定》《促进科技成果转移转化行动方案》《国家技术转移体系建设方案》和《技术转移服务规范》等一系列重要法规和标准。这些法规和标准的题目由科技成果转化逐渐变为科技成果转移转化，最终变为技术转移。题目就说明了它们的特点，是以宏观导向为主还是更注重实际操作。

②国家领导人多次提出要“打通科技成果转化的‘最后一公里’”。

这句话所包含的意思是要解决当前我国科技成果多，但是在实际生产中应用的比例较低的问题，目标是将科技成果转化为现实生产力，提高我国的综合国力。同时，科技成果转化链条较长，涉及因素较多，才会有“最后一公里”的感觉。此处，如果将科技成果转化换成技术转移，所表达的意义就小很多。

了解科技成果转化与技术转移定义的联系和区别，有助于各方在实操中清晰地沟通，但是这只是最基础的作用。更重要的是，要结合实操深入理解各自的特点和实现模式，使“核心-催化”理论真正能够指导我们的科技成果转化实践。

第四章　技术转移服务机构与技术经理人

第一节　技术转移服务机构相关概念

一、常见概念

在技术转移实操中，技术转移服务机构常见的名称有多个，例如科技中介机构、技术转移机构和技术转移服务机构等。下面将介绍这些名称在国家相关政策或标准中出现的定义。

2002 年，科技部发布了《关于大力发展科技中介机构的意见》，其中提到“面向社会开展技术扩散、成果转化、科技评估、创新资源配置、创新决策与管理咨询等专业化服务的科技中介机构，是国家创新体系的重要组成部分”。即科技中介机构的定义为面向社会开展技术扩散、成果转化、科技评估、创新资源配置、创新决策与管理咨询等专业化服务的机构。结合该意见中“全面提高科技中介机构的服务能力”部分对科技中介机构服务能力的相关描述可知，该定义中科技中介机构包括提供催化功能的机构，也包含部分提供科技成果转化核心功能的机构。

根据 2007 年《国家技术转移示范机构管理办法》给出的定义，技术转移机构，是指为实现和加速上述过程提供各类服务的机构，包括技术经纪、技术集成与经营和技术投融资服务机构等，但单纯提供信息、法律、咨询、金融等服务的除外。该定义中的“上述过程”是指技术转移过程。由该定义以及该办法第五条中关于技术转移机构业务范围的描述可以看出，该定义是以抽象的“技术转移过程”作为服务的主体，凡是能够促进“技术转移过程”的机构都是服务机构，包括这个过程的所有参与方，即包括提供催化功能的机构和提供核心功能的机构。

在2017年发布的国家标准《技术转移服务规范》中，技术转移服务机构的定义为从事技术转移服务的事业、企业、社团和其他依法成立的单位及其内设机构。该定义中的技术转移服务包括技术开发服务、技术转让服务、技术服务、技术咨询服务、技术评价服务、技术投融资服务、“互联网+”技术转移服务。可以看出，在该定义中，技术转移服务机构同样包括提供催化功能的机构，也包含提供科技成果转化核心功能的机构。

由以上几个定义可以看出，科技中介服务机构、技术转移机构和技术转移服务机构在现行政策中的内涵非常接近。这些定义中的服务都是广义的服务，只要是技术转移参与对象所做的工作都称为服务，也就是将技术转移过程中提供催化功能的机构和提供科技成果转化核心功能的机构归为一个类别进行管理和政策支持。在促进科技成果转化的初级阶段，这种定义方式起到了积极作用，通过政策的实施在较大范围内促进了不同类型机构的发展。但是，随着国家科技成果转化工作的不断深入开展，逐渐出现了不同类型的功能要素发展不均衡的情况，要实现科技成果的规模化转化，需要更有针对性地，更为精准地制定相关政策，力争做到精准实施、精准落实。

二、技术转移服务机构根据“核心-催化”理论的定义

1. 核心方与催化方在实操中的区别

为了对技术转移服务机构进行定义，首先要明确技术转移核心方与催化方在实操中的区别。根据“核心-催化”理论，核心方与催化方是具有明显区别的两类对象。在技术转移实操中，两者的主要区别有以下几点：

①在单次技术转移过程中，核心方的收益一般远大于催化方，而催化方的高收益是通过服务多个技术转移过程获得。

②在单次技术转移过程中，核心方所承受的风险要远大于催化方。

③核心方是每次技术转移的决策者，催化方是辅助决策者。

④在单次技术转移过程中，核心方侧重于解决本次技术转移过程中出现的若干个性问题，而催化方则侧重于解决本次技术转移与其他技术转移案例中的共性问题。例如，在最常见的A类核心方与E类核心方合作的模式下，A类核心方所解决的技术问题就是一个个性问题，在其他技术转移案例中是不可复制的，E类核心方的实施功能与投资功能涉及专业领域的生产管理、市场分析、商业模式和投资尽职调查等。A类核心方和E类核心方要想把应有的功能发挥好，需要针对这些个性问题进行很长时间的研究和实践。A类核心方和E类核心方在融合过程中出现问题时，需要催化方的介入，例如需要技术评价催化。

虽然在催化方提供技术评价服务时，需要结合技术的细节，但是了解这些技术细节可以在较短的时间内完成。而催化方最核心的技术是对评价体系和评价方法的深入了解，要想实现这一点需要很长时间的学习和实践。评价体系和评价方法对于绝大部分技术来说是共性的。

2. 技术转移服务机构的定义

由上面的分析可知，在技术转移实操中，将核心方与催化方明确地区分开有助于在过程中对各参与对象的定位和辨析。为了与当前实际所用的称谓尽可能地对接，但又能区分两者，便于表述，根据“核心-催化”理论，本书定义如下：

技术转移核心机构是指在技术转移过程中，主要发挥核心功能的机构。技术转移服务机构是指在技术转移过程中，主要通过提供催化功能服务于技术转移过程的机构。技术转移服务机构服务的对象主要是技术转移核心机构。

该定义明确了技术转移服务机构提供的主要服务是催化功能，这就与以提供核心功能为主的核心机构有了明确的区分。需要注意的是，该定义中所说的是“主要通过提供催化功能”，要注意与“仅通过提供催化功能”相区分。也就是说，技术转移服务机构最主要的特点是提供专业的催化功能，除此之外，也可能具备一定的核心功能。通过下面技术转移服务机构的分类，可以更清楚地区分不同机构的功能、工作内容和特点。

三、技术转移服务机构的分类

1. 根据独立性的不同

根据独立性的不同，可将技术转移服务机构分为内部技术转移服务机构和社会化技术转移服务机构。

（1）内部技术转移服务机构

内部技术转移服务机构是指高校、科研院所或公司内部提供技术转移催化功能的部门。该类技术转移服务机构大多为非独立法人机构，也有的是独立法人机构，服务的对象主要为所依托的单位。常见的内部技术转移服务机构有高校院所的技术转移中心、知识产权部门等。《中国科技成果转化年度报告 2019》对 3200 家高校院所科技成果转化年度报告的统计发现，设立了技术转移机构专门负责科技成果转化工作的单位仅有 509 家，占单位总数的 15. 9%，其他 2691 家高校院所主要由科技管理部门（如科研院、科技处等）负责科技成果转移转化工作。总体而言，各高校院所中专门从事科技成果转化的机构数量相较于 2017 年有了一定增长，但仍有非常大的提升空间。

《国家技术转移体系建设方案》第（七）条规定中指出，要“加强高校、科研院所技术转移机构建设。鼓励高校、科研院所在不增加编制的前提下建设专业化技术转移机构，加强科技成果的市场开拓、营销推广、售后服务。创新高校、科研院所技术转移管理和运营机制，建立职务发明披露制度，实行技术经理人聘用制，明确利益分配机制，引导专业人员从事技术转移服务”。这里面所鼓励建设的技术转移机构就是高校、科研院所中的内部技术转移服务机构。

在许多大公司中，也设有内部技术转移服务机构。例如，华为公司的知识产权部门，可以认为是一个内部技术转移服务机构。这个部门的存在为华为自主研发技术的自实施和对外许可提供了强有力的保护，促进了华为技术的高效转化。

内部技术转移机构的优点是对本单位的特点了解深入，更易于找到问题的根源，能够更好地提供催化服务；缺点是内部成立单独技术转移部门的成本较高。因而，一般只有比较大的单位设有内部技术转移服务机构，这些内部机构主要提供的是本单位最通用的催化功能，例如知识产权保护功能等。

（2）社会化技术转移服务机构

社会化技术转移服务机构是指提供各种专业的技术转移催化服务的独立法人机构。该类技术转移服务机构服务的对象非常广泛，可以服务高校、科研院所，也可以服务生产类企业或投资类企业。

《国家技术转移体系建设方案》第（七）条规定中指出，要“加快社会化技术转移机构发展。鼓励各类中介机构为技术转移提供知识产权、法律咨询、资产评估、技术评价等专业服务。引导各类创新主体和技术转移机构联合组建技术转移联盟，强化信息共享与业务合作。鼓励有条件的地方结合服务绩效对相关技术转移机构给予支持”。由此可见，国家非常鼓励社会化技术转移机构的发展。

社会化技术转移服务机构的优点是可以通过培养一批具备专业级催化技能的公司，服务于广大的技术转移核心机构。由于该类机构服务范围广，所具备的催化功能可以服务多个对象，因而催化功能的回报率较高，容易形成具备综合催化能力的技术转移服务机构，也符合“专业的人干专业的事情”的理念。社会化技术转移服务机构的缺点是对高校、科研院所或其他公司问题的了解不够深入。但是，随着社会化技术转移服务机构与这些服务主体的长期接触，这个不足会逐渐得到弥补。这也许就是《国家技术转移体系建设方案》中提出“引导各类创新主体和技术转移机构联合组建技术转移联盟，强化信息共享与业务合作”的初衷。

2. 根据所具备功能的不同

根据所具备功能的不同，可将技术转移服务机构分为催化型技术转移服务机构和融入型技术转移服务机构，每种类型又可分为几种，如图 4-1 所示。

- 技术转移服务机构
  - 催化型
    - 单催化型（仅一个催化功能）
    - 多催化型（两个及以上催化功能）
  - 融入型
    - 融入研发型（催化功能为主+部分研发功能）
    - 融入实施型（催化功能为主+部分实施功能）
    - 融入投资型（催化功能为主+部分投资功能）
    - 综合融入型（催化功能为主+多个核心功能）

图 4-1 技术转移服务机构根据所具备功能不同的分类示意图

（1）催化型技术转移服务机构

催化型技术转移服务机构是指仅包含催化功能的技术转移服务机构，可分为单催化型和多催化型。

单催化型技术转移服务机构是指仅具备一种催化功能的技术转移服务机构。常见的有律师事务所、会计师事务所、专业科技评价机构、知识产权代理机构、科技查新机构、测试化验机构等。在《国家技术转移示范机构管理办法》对技术转移机构的定义中，明确指出“技术转移机构，是指为实现和加速上述过程提供各类服务的机构，包括技术经济、技术集成与经营和技术投融资服务机构等，但单纯提供信息、法律、咨询、金融等服务的除外”。这两者并不矛盾。单催化型技术转移机构与普通单纯提供专业服务机构的区别在于，前者所提供的专业催化服务是以促进技术转移为导向的，而后者的专业服务是以完成本专业的特定目标为导向的。

例如，某知识产权代理机构撰写专利申请书是以最终要转化这项技术为导向的，这个机构在技术转移过程中就提供了保护催化功能，可以称为单催化型技术转移服务机构。而另一个知识产权代理机构撰写专利申请书是以最终授权为导向的，写作过程并不关注保护范围和保护强度，撰写质量较差，并未提供有效的保护催化功能，甚至是负催化功能。那么该机构一般不被认为是技术转移服务机构。在实操中，区分两者最简单的方法就是在考核他们业绩的时候，以所代理专利授权后以各种方式实现技术转移的数量作为核心指标，而不是授权专利的数量。

单催化型技术转移服务机构在技术转移过程中所能参与的环节较少，但是只要在自己所擅长的催化功能方面特别专业，能够在技术转移过程中解决委托方的痛点问题，同样具有实际价值。

多催化型技术转移服务机构是指具备两种及以上催化功能的技术转移服务机构。多催化型技术转移服务机构一般是在单催化型技术转移服务机构基础上发展而来的。由于单一的催化功能对技术转移过程的促进作用相对较弱，而且一旦所服务的核心方需要的催化功能不是自身所具备的催化功能，单催化型技术转移服务机构就束手无策了。因而，许多单催化型技术转移服务机构根据技术转移过程中常见的缺失因素，及时招聘具有相关催化技能的人员或培训现有人员使之具备相关催化技能，从而不断增加该机构的催化功能，逐渐由单催化型转变为多催化型技术转移服务机构。例如，当前我国很多多催化型技术转移服务机构最初都是由只具备知识产权保护功能的单催化型技术转移服务机构转变而来的。

多催化型技术转移服务机构的优势比较明显，可以借助多个催化功能为客户解决技术转移过程中的多种类型问题，形成链条式服务，有助于高效促进技术转移，同时容易增加客户的黏性。但是，培育多催化型技术转移服务机构的难度也较大，周期较长。因为这里说的多个催化功能都应是专业级的，而不仅仅是一般了解。每一项专业技能的学习周期都相对较长。最快的方式是引进具备不同催化技能的专业人员。

（2）融入型技术转移服务机构

随着我国科技成果转化工作持续深入地开展，技术转移服务机构也不断发展壮大，所拥有的各种资源也逐渐增多。有些实力较强的技术转移服务机构已经不满足于仅发挥催化功能，他们在技术转移过程中逐渐参与到核心功能中去，扮演一部分核心方的角色，我们称为融入型技术转移服务机构。融入型技术转移服务机构是指在技术转移过程中，在主要提供催化功能服务的同时，还发挥部分核心功能的技术转移服务机构。理解该定义需要注意以下两点：

①从机构整体具备的功能来说，只有以提供催化功能为主、核心功能为辅的机构才能归类为融入型技术转移服务机构；如果以核心功能为主、

催化功能为辅，则该类机构属于技术转移核心机构。

②从单次技术转移来说，融入型技术转移机构所提供的某个核心功能都是与其他提供这个核心功能的机构合作完成的，一般只占这个核心功能的小部分，并非是发挥这个核心功能的主要角色。如果在某个核心功能中是主要角色，即使依然提供了若干催化作用，那么这类机构在这次技术转移过程中也应归类于技术转移核心机构。

根据技术转移服务机构融入核心功能的类型不同，可将融入型技术转移服务机构分为：融入研发型、融入实施型、融入投资型和综合融入型。

融入研发型技术转移服务机构是指在主要提供催化功能服务的同时，还发挥部分研发功能的技术转移服务机构。该类机构一般不参与技术核心内容的研发工作，主要参与技术的熟化工作或以满足市场需求为导向的技术改造或集成等研发工作。例如，有的专业孵化器除了提供包括创业场地、共享设施、技术服务、咨询服务、创业辅导、资源对接等催化服务外，还能够为在孵企业提供研究开发、检验检测、小试中试等专业技术服务，这类专业孵化器就属于融入研发型技术转移服务机构。

融入实施型技术转移服务机构是指在主要提供催化功能服务的同时，还发挥部分实施功能的技术转移服务机构。该类服务机构常见的服务对象为初始创立的或实施能力较弱的公司。

融入投资型技术转移服务机构是指在主要提供催化功能服务的同时，还发挥部分投资功能的技术转移服务机构。该类服务机构一般投资比例较低，非主要投资机构。例如，《科技企业孵化器管理办法》第六条国家级科技企业孵化器认定条件中明确规定："孵化器自有种子资金或合作的孵化资金不低于500万元人民币，并提供3个资金使用案例。"因此，具有自有种子资金的科技企业孵化器就属于融入投资型技术转移服务机构。

综合融入型技术转移服务机构是指在主要提供催化功能服务的同时，还发挥两种及以上核心功能的部分功能的技术转移服务机构。在分析该类服务机构时，一定要明确该服务机构具体的核心功能。例如，具有自有种子资金的专业孵化器则属于融入研发和实施功能的综合融入型技术转移服务机构。

根据委托方的不同需求，融入型技术转移服务机构可以提供某个催化功能的单催化服务、同时提供多个催化功能的多催化服务以及融入型催化服务；多催化型技术转移服务机构可以提供单催化服务和多催化服务；而单催化型技术转移服务机构则只能借助自身所具备的某项催化功能提供单一的催化服务。因而，从提供服务的范围而言，技术转移服务机构具备的功能越多，服务的范围就越大。

从服务质量的角度来说，单催化型、多催化型和融入型之间没有明确的高低。因为服务质量主要取决于所提供功能的专业水平。有一些单催化型技术转移服务机构的催化功能非常专业，能够很好地解决技术转移过程中核心方融合的某个痛点，那么这个机构在技术转移中就非常有价值。而有的多催化型技术转移服务机构只是具备多项催化技能，但每项都不是很专业，这样的服务质量可想而知。

因而，以上的机构类别不分好坏，只是现实中技术转移服务机构的一种分类方式。技术转移服务机构只有深入研究技术转移的根本特点，不断提升自身的专业服务能力，才能在技术转移过程中发挥价值，提高客户黏性，实现自身发展的同时促进科技成果转化的发展。

第二节　技术转移服务机构常见服务模式分析

《国家技术转移示范机构管理办法》第五条提出技术转移机构常见的七类业务，其中包含了绝大部分常见的业务类型。在此，我们借助科技成果转化“核心-催化”理论来分析这七类业务中技术转移服务机构的相关业务范围，以便于技术转移服务机构在实操中更好地理解这些业务，并找到适合自己的服务模式。

一、对技术信息的搜集、筛选、分析、加工

这项业务是典型的信息催化功能，这也是技术转移服务机构的一个基

本功能。当前，许多技术转移机构都在开展这项业务，例如技术交易信息平台、科技成果汇编或科技成果数据库等。这项工作存在如下几个问题：

①重数量，轻质量。当前，开展这项业务的机构所做的信息搜集工作最多，有些甚至利用“爬虫”技术，通过程序自动搜集相关信息。这些工作极大地增加了技术信息的数量，有一定积极意义。但是随着数量的增加，后续的筛选、分析和加工跟不上，导致信息对接时，用户需要从大量的信息中去寻找适合的技术，效率很低。这样的技术转移服务机构的价值就不高，这也是有些仅提供信息催化功能的机构经常被“甩单”的一个原因。

②筛选指标不完善。信息筛选的基础工作是建立筛选指标。当前的大部分信息催化类技术转移服务机构在对技术转移相关信息进行筛选时只是根据传统的模糊分类，对信息的筛选不够精确。

③沟通信息差较大。导致这个问题的主要原因是技术转移信息中的相关定义较为模糊。不同人对同一个词的理解不一样，虽然看到的是同样的信息，但理解后的信息差别很大。在信息发布者和信息获取者之间也存在这样的信息差。例如，“技术成熟度”这个指标（在第九章中将给出具体定义）就有很多含义，而这个指标一旦理解错了，可能就会导致技术转化的失败。

④分析和加工方法不健全。现实中，大部分技术信息和需求信息并不是直接就能够对接的。技术信息主要是从技术角度进行描述，其中的应用场景等信息不够具体；需求信息主要是从应用的角度描述，其中对技术的具体要求不够明确。

解决以上问题是未来技术转移服务机构在提供信息催化功能时的重要任务。下面将结合信息的搜集、筛选、分析和加工探讨信息催化的思路。

①信息搜集。技术转移相关信息包括技术信息、需求信息、资金信息、专家信息、政策信息或者市场信息等。不同信息的搜集渠道和方法各有不同。常见的信息获取方式有网上的各种数据库、实地调研、信息征集、成果登记等。当前，这项工作从获取数量来说难度不大。

②信息筛选。信息筛选是提高信息催化质量的重要环节。首先，大量

信息的筛选要有合理的筛选指标，也就是从哪些角度来筛选信息。这些指标的设置一定要考虑到与信息使用者以及信息使用目的的对接。确定好筛选指标后，要有相应的快速评价方法，将这些指标以合理的方式进行评定。最后，技术转移机构设置筛选门槛，剔除不符合筛选底限的信息，得到相对数量较少的优质信息。在本书第一章中介绍的常见核心方的分类以及第九章中涉及的技术转移过程中的评价相关知识都可以作为信息筛选设计时的参考内容，但这些依然是不够的，还需要结合不同信息的特点不断创新筛选方法。

③信息分析和加工。信息分析和信息加工是密切相关的两个信息处理环节。最初获得的信息称为原始信息。原始信息所表达的内容受制于信息的表现形式，不一定能够表达清晰和准确。技术转移服务机构可以通过对信息的分析，深度挖掘其内在信息，并通过加工环节，以最合适的方式展示这些信息。从而使技术转移服务机构所提供的信息更有价值。以政策信息为例，有的技术转移服务机构不仅具备提供政策文本信息的能力，而且具备政策分析和解读的能力。这些机构为客户提供的政策信息包含专业的政策解析和企业实际享受政策的应用指导，帮助客户充分利用政策信息促进技术转移。这样的信息就是经过加工的信息，显然更有价值。技术信息和需求信息等其他信息也同样需要经过分析和加工后，才能发挥其最大价值。

二、技术转让与技术代理

该类业务可以分为两类：技术转让和技术代理。大部分技术转让的行为是技术所有方的主要业务。从技术转移服务机构的角度来说，技术转让可以理解为技术的买卖，实际上就是第三章第二节中介绍的技术转移模式 M5 和 M6 的结合。在模式 M5 中技术转移服务机构扮演买方的角色，在模式 M6 中扮演卖方的角色，但是两次模式叠加起来看，技术转移服务机构在其中所扮演的不是任何一个科技成果转化核心方，只是一个中介，但该机构的存在却加速了科技成果转化的速度。这种催化方式特别像化学反应中某些催化剂的催化机理：这种催化剂本身的质量和化学性质在化学反应前后都没有发生改变。这并不是因为催化剂不参加反应，而是在过程中参与了多个反应，只不过是在反应最终结束时又重新生成了而已。在开展这种业务时，技术转移服务机构需要具备较多资金，因而属于融入投资型技术转移服务机构。这种业务的收益较高，对技术转移服务机构技术评价能力和市场把握能力的要求也较高。

技术代理是指技术转移服务机构接受技术所有方的委托，代表技术所有方推广技术。最常见的开展这种业务的机构是高校、科研院所内部的技术转移服务机构。这种内部机构背靠母机构的优质资源，全权代理母机构技术的推广。这种方式可以借助并发挥母机构在某行业领域的影响力，提供相关专业领域的技术转移服务。相对社会化技术转移服务机构而言，内部机构对母机构的技术了解更为全面，与技术专家的沟通更顺畅，更容易获得技术需方的信任。同时，内部机构还可以借助母机构高端的科研人员和科研设备，提供或协调母机构提供最前沿的技术服务以及技术咨询服务，扮演融入研发型技术转移服务机构的角色。我国目前已经形成一批服务能力强、催化功能较为全面的优秀高校院所内部技术转移服务机构，但是，依然还有大部分高校院所的内部技术转移服务机构存在人员数量极少、服务能力弱、催化功能单一的问题。随着社会化技术转移服务机构的不断发展壮大，他们也逐步加入技术代理这种业务中来，以替代高校、科研院所中技术转移服务业务能力不强的内部机构。

三、技术集成与二次开发

技术集成与二次开发是以市场需求为导向的技术完善环节，是高校院所中的技术与市场需求对接的重要环节，也是融入研发型技术转移服务机构的一种业务类型。当前许多技术供给方所提供的技术与需求方的要求有一定差距，需要结合市场需求对技术进行完善。而许多高校院所的研发人员对市场需求的把握不够准确，无法自主完成技术的集成或二次开发来满足市场需求，这也是当前科技成果转化中的一个痛点。因而，这种服务模式也得到了国家政策的支持和鼓励。

四、提供中试、工程化等设计服务，技术标准，测试分析服务等

该类业务类型包含了三类专业催化服务，这些服务对技术转移服务机构技术专业水平的要求较高，下面我们分别介绍。

1. 中试、工程化等设计服务

单纯的中试试验和工程化研究都属于研发功能，不属于催化功能，而此处的“中试、工程化等设计服务”的侧重点在设计服务，属于催化功能。这种设计机构需要对所要进行中试和工程化的技术非常熟悉，然后利用设计的技能为从事中试试验或工程化研究的核心方服务。这里所说的要进行中试试验或工程化研究的这项技术是研发方的核心贡献，这项技术是具有独特创新点的个性技术。设计服务机构的核心贡献是设计技术，而设计技术相对来说是具有共性的技术，可以用于设计多种中试或工业化设备。结合前面介绍过的核心方和催化方在实践中的区别，可以清楚地理解这种服务模式下的核心方和催化方。

例如，中国天辰工程有限公司（原化工部第一设计院，简称“TCC”）就是具备这类催化功能的技术转移服务机构。TCC 具有石油化工等行业工程建设项目的规划、可行性研究、工程设计、设备材料采购、施工管理和工程监理的能力，可以向用户提供技术工程化实施全过程的服务。TCC 提供的服务是具有一定共性的技术，而所服务的客户所要投入生产的创新工艺则是经过长时间研究所得的个性技术。

2. 技术标准

建立技术标准除了对技术本身有深入的研究之外，还需要具备有关标准化的技能。技术本身的研究属于研发功能，而将技术标准化则属于催化功能。常见的能够提供将技术标准化的服务机构有各级标准化协会和标准化研究院等。技术标准的建立有助于技术在较大范围内推广，因而这类服务也属于技术转移服务机构的一个业务模式。

3. 测试分析服务

该类服务属于价值发现类催化功能，在我国发展得较为充分。在很多

专业领域中都有专业的第三方测试分析公司。这些公司为委托方提供客观、公正、科学和准确的检测数据，有利于技术转移供需双方发现技术的客观价值，为企业科技创新提供了强有力的分析测试共性技术支撑。

五、技术咨询、评估、培训、产权交易、招标代理、投融资等服务

该业务类型中包含了多种技术转移服务机构常见的催化功能，下面分别简单介绍。

1. 技术咨询

技术咨询是指一方当事人（受委托方）为另一方（委托方）就特定技术项目提供可行性论证、技术预测、专题技术调查、分析评价报告等咨询服务。技术转移服务机构所提供的常见咨询服务有如下几种类型：

①就区域、产业科技开发与创新及特定技术项目进行的专题技术调查、分析评价等。

②对重大工程项目、研究开发项目、技术成果推广或转化项目、重大技术改造等进行可行性论证。

③特定技术领域、行业、专业技术发展的分析预测。

④技术产品、服务、工艺分析和技术方案的比较与选择。

⑤专用设施、设备、仪器、装置及技术系统性能分析。

⑥技术路线选择的研究、分析。

⑦其他服务。

2. 技术评估

技术评估是一种重要的价值发现类催化功能，其主要作用是借助科学的评估方法发现技术的客观价值，作为技术转移过程中进行决策的重要支撑。当前可用的评估的类型和方法较多，各有优缺点，都有较大的发展空间。技术评估也是当前技术转移过程中的一个痛点和难点，解决好技术评估中的问题并且利用好技术评估这种服务方式，必将极大地促进科技成果转化为现实生产力。本书将在第九章中详细介绍技术评估的相关知识，在此不再赘述。

3. 技术培训

技术培训是指一方当事人（受委托方）为另一方（委托方）就特定技术项目进行相关专业知识培训的服务方式。技术培训所包含的培训内容非常广泛。

4. 技术产权交易服务

广义的技术产权交易是指法人、具有民事行为能力的自然人和其他经济组织，对其拥有的科技成果、专利技术、专有技术和以科技成果投资、风险投资等形成的产权及科技企业的股权在不同地区、部门、所有制企业之间进行的有偿转让。广义的技术产权交易与技术交易、技术转移的含义非常接近，只是其更侧重于有产权保护技术的交易行为。因而广义的技术产权交易服务几乎包括技术转移的各种服务类型。狭义的技术产权交易可以理解为由第三方机构通过挂牌、招标或拍卖等方式在多方当事人之间撮合达成的交易。狭义技术产权交易是广义技术产权交易的一种类型。

以通过挂牌实现技术产权交易为例，常见的程序包括：申请委托、项目审核、挂牌上市、信息发布、洽谈协调、资产评估、成交鉴证、交易结算和变更登记等。因而狭义的技术产权交易服务常见的内容有：交易项目征集，筛选和推荐，挂牌推介，建立交易规则，提供交易线上平台服务和线下洽谈服务，组织供需双方开展交易活动，提供交易撮合、结算和交割服务以及出具成交凭证等服务。能够提供该类服务的常见机构为技术产权交易市场或技术市场。

5. 技术招标代理

2015 年发布的《中央投资项目招标代理资格管理办法》规定："本办法所称招标代理业务，是指受招标人委托，从事中央投资项目的项目业主招标、专业化项目管理单位招标、政府投资规划编制单位招标，以及项目的勘察、可行性研究、设计、设备、材料、施工、监理、保险等方面的招标代理业务。"该定义特指的是中央投资项目的相关招标代理业务，推而广之，技术招标代理业务可以理解为高新技术项目的招标代理服务。技术招标代理业务的基本招标代理类型与上述定义中的相关类型基本一致。招标代理业务是一类较为传统的业务类型，在此不再详述。

6. 技术投融资

直接对技术投融资的行为是投资功能的主要任务，属于核心功能，融入投资型技术转移服务机构也会直接参与一部分技术投融资活动。对技术投融资过程的供方或需方提供相关服务即为技术投融资服务，属于催化功能。常见的服务方式有建立投融资信息平台（信息型催化）、技术评估（价值发现型催化）、协助核心方开展尽职调查（价值发现型催化）、投融资咨询、投融资路演、投融资培训等服务方式。

六、提供技术交易信息服务平台、网络等

该服务模式可以理解为包括运营技术交易信息服务平台和建设技术交易信息服务平台两类服务。运营技术交易信息服务平台，就是借助网络技术以线上的方式来开展技术转移相关服务，以实现信息的快捷传播。线上平台具体的催化功能及特点与线下的服务非常相似，因而具体平台中涉及的催化功能可以根据其他业务模式进行分析。单纯的线上服务更适合基本信息的传递，而要使核心方深度融合，还需要通过线上线下相结合的服务方式。

建设技术交易信息服务平台，也是一种专业化服务。有的技术转移服务机构在自己机构建设和运营技术交易信息平台的过程中，积累了大量的资源和技术，能够为其他机构提供建设技术交易信息服务平台的能力。我国许多省市的技术交易信息服务平台都是由专业的技术转移服务机构建设而成，负责建设技术交易信息服务平台的机构并不一定负责运营所建平台。建设平台的机构不仅要具备编程能力，最重要的是要对技术转移整个链条和各种操作模式非常熟悉。

七、其他有关促进技术转移的活动

以上所介绍的业务模式只是技术转移服务机构常见的业务模式。科技成果转化过程中的催化功能是无限的，因而，技术转移服务机构的服务模

式也是无限的。只要是能够解决科技成果转化核心方本身问题或核心方之间融合问题的服务模式都是好模式，除上述模式外，还有若干有效的模式等待我们去应用和创造。技术转移服务机构可以在现有模式的基础上，通过加强对核心方的了解和分析，结合自身的优势不断创造新的服务模式。

第三节　技术转移服务机构案例分析

本节以意大利 Innova 集团技术转移服务模式为模型，分析技术转移全流程中，技术转移服务机构提供的相关服务。

一、意大利 Innova 集团简介

意大利 Innova 集团总部在罗马，其宗旨是“通过技术转移和开发在研究与产业之间架起桥梁”。公司在欧美地区建立了涵盖技术转移咨询、产业技术研究、种子基金支持的国际技术转移完整服务链条，成为欧洲技术咨询服务领域的顶尖企业。该集团现在意大利、英国、美国等 7 个欧美国家设有分支机构，是“国际中小企业网络”协会（INSME）理事会成员。从 1993 年成立至今，已经开展 1000 多次国际技术转移活动，参与 500 多项欧盟项目的研发与管理，支持了 60 多家高技术创业企业[1]。

二、技术转移服务模式分析

意大利 Innova 集团技术转移服务模式如图 4-2 所示。技术转移主要流程从技术筛选开始到最终实现技术产业化应用总共包含技术筛选、技术匹配、二次研发、协议谈判、实现转移和产业应用 6 个主要环节，Innova 集团在大部分环节中都具备相应的催化功能，能够为核心方提供相关的服务

[1] 吴汉荣. 技术转移服务创新模式研究——以意大利 Innova 集团为例［J］. 科学管理研究，2014，32（03）：117-120.

使技术转移过程顺利进行。下面将对在技术转移每个环节中 Innova 集团的服务模式进行分析。

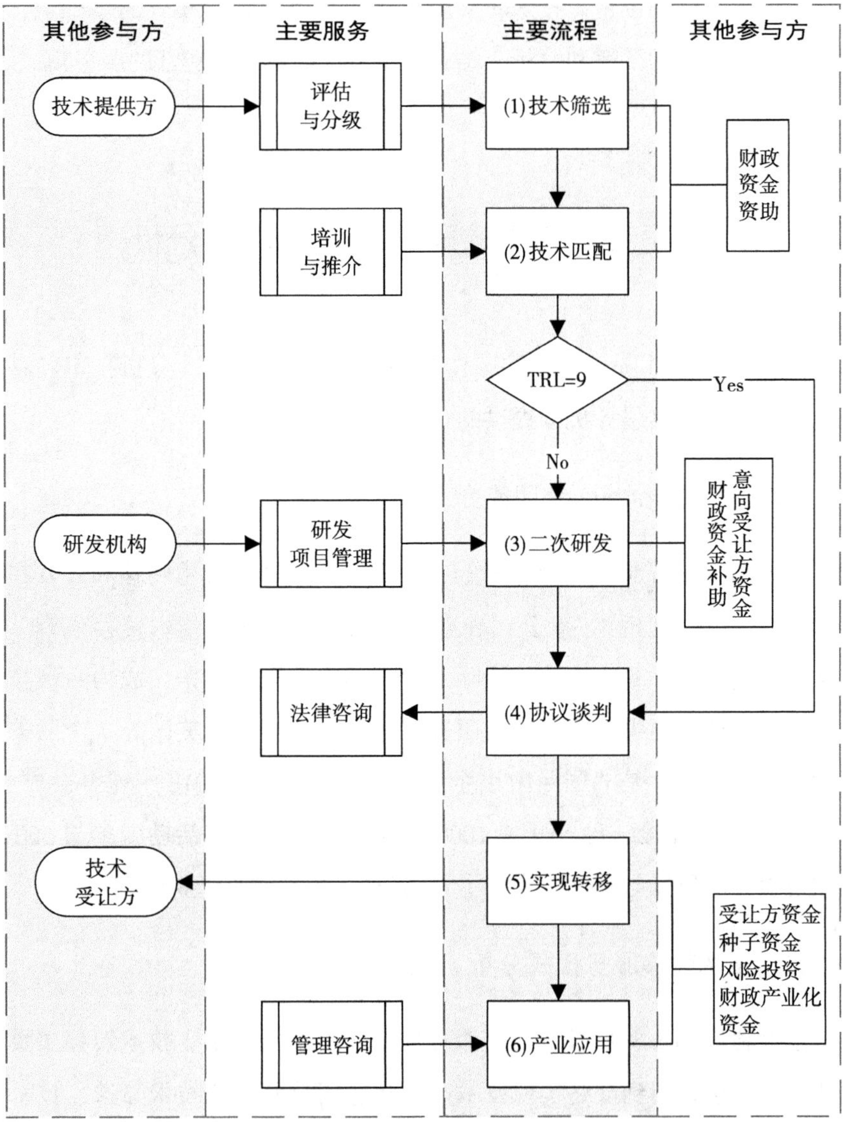

图 4-2　意大利 Innova 集团全流程技术转移服务模式[1]

---

[1] 吴汉荣. 技术转移服务创新模式研究——以意大利 Innova 集团为例 [J]. 科学管理研究, 2014, 32 (03): 117-120.

1. 技术筛选

技术转移服务机构在获得大量技术资料后，首先要进行技术筛选。在该环节中，Innova 集团的主要服务内容是对技术进行评估和分级，这是技术筛选的基础。而在评估和分级服务的过程中，必然包括对技术信息的搜集、分析和加工的工作内容。在评估过程中，通过对技术成熟度（Technology Readiness Level，TRL）的评价从而确定技术成熟度等级（该等级评价方法将在第九章中详细介绍）是他们的一项重要工作。同时，还要对其他的指标进行评估。评价完成后，他们从技术本身特性和市场需求两个方面进行技术筛选，找出适合推广的技术并剔除不适合推广的技术。

由此可以看出，信息搜集、筛选、分析和加工是技术转移服务机构的一项基本催化功能。技术评价服务则是实现技术筛选的前置性催化功能。

2. 技术匹配

对筛选后适合进行转移的技术，他们首先编写初步技术报告，内容包括技术描述、技术水平、背景知识产权、应用市场、竞争分析、成熟等级、初步商业计划等，用于技术匹配过程中技术信息的初步书面沟通。然后通过面谈、路演和书面沟通等一系列的技术推介活动，组织技术供方和需方进行对接，为技术匹配合适的需求方。根据客户的需要，他们还可以组织相关技术培训活动，以促进双方沟通的效率。

在该环节中，信息服务、推介活动组织服务以及技术培训等发挥了重要的催化作用。在确定意向受让方后，接下来的环节要根据技术成熟度的不同进而确定不同的技术转移策略。技术成熟度达到 9 级的技术意味着该项技术达到了可以在实际生产中直接应用的水平。因而若技术成熟度低于 9，则需制订技术实施计划。技术实施计划内容包括技术先进性分析、完整商业计划、商业模式分析、产业化研究开发计划、知识产权策略、预算及融资路径等。技术实施计划制订之后，要与可能的技术受让方一起再次对待转移技术进行评估，剔除因各种原因达不到期望要求的项目。经过再次评估，拟转移技术以及意向受让方基本确定下来，然后进入二次研发环节。若技术成熟度等于9[1]，则可以直接进入协议谈判环节。

3. 二次研发

二次研发环节是将成熟度低的技术进行熟化的过程。在这个环节中，Innova集团与意向受让方共同开展产业化研究开发。他们主要的服务内容包括根据技术路线和研发计划选择合适的研究伙伴（如果需要的话）、共同申请公共科研资金支持、研发活动的组织管理等。在大部分情况下，二次研发环节中，技术研发的成果归意向受让方，所以他们也承担部分研发经费，具体的比例必须满足相应的政策要求。意向受让方的意见对于项目研发向着满足市场需求方向发展的引导作用非常重要，而Innova集团提供的研发项目管理服务保证研发活动朝预定方向推进。

有的技术转移服务机构在该环节中不仅提供研发项目管理服务，同时还直接参与一部分技术熟化工作，这类机构就是融入研发型技术转移服务机构。

4. 协议谈判

该环节的主要任务是对一整套的技术及相关文件、样品样机等进行最终的评估，确定是否达到技术实施计划的要求，在此基础上形成技术转让或许可协议。一旦协议成功签署，一揽子技术，包括背景知识产权和产业化研发成果，就完整交付给技术受让方，提供背景知识产权的技术提供方将根据协议得到技术转让收入，Innova集团为技术转移所提供的服务也会得到相应的收益。

Innova集团在该环节提供的服务主要是协议签署过程中的法律咨询服务，属于保护型催化功能。同时，还涉及技术的性能测试、成熟度等级等评估服务，属于价值发现类催化功能。

5. 实现转移

实现转移是一个重要的节点。从这个节点开始，整个技术转移的主要技术对象由技术供方转到了需方。就技术转移服务机构而言，继续跟踪同一项技术进行服务时，服务的对象由原来的技术持有方转变为新的技术持

---

[1] 在欧美国家，技术成熟度共9级，不包含10~13级。这部分知识将在第九章中详细介绍。

有公司。该节点就是第二章中提到的核心功能融合阶段的一个结束，企业对该技术发展推进阶段的开始。

如果技术受让方是成熟的商业公司，那么技术转移服务至此基本完成。但如果受让方是初创企业，那么Innova集团就会在产业应用环节继续提供服务。

6. 产业应用

产业应用可以理解为技术转化为现实生产力的最后一个阶段。对于初创企业，大部分存在资金短缺、实施功能不强的特点，因而，Innova集团会根据企业需要提供市场开发、企业管理、人员培训、融资募股等配套服务，在个别情况下还会提供投资的支持。

三、小结

由以上的模式分析可以看出，Innova集团在整个技术转移过程中，提供了大量的催化服务，具备多种催化功能。在产业应用阶段中所直接提供的市场开发服务、企业管理属于实施功能，以及在个别情况下直接提供的种子投资属于投资功能。因而，可以判断该集团属于具备实施和投资功能的综合融入型技术转移服务机构。

从服务的对象来看，从“技术筛选”到“实现转移”这五个环节中，Innova集团主要催化的是技术研发功能。在“产业应用”环节中，有了对实施功能的催化服务。在技术转移的各个环节，都需要资金支持，他们也针对投资功能提供了一系列催化服务。“技术筛选”与“技术匹配”这个过程中的一系列活动和服务不确定性大，风险高，不可能产生直接经济收益，且技术推广活动具有公益服务的性质，所以Innova集团主要通过政府实施的中小企业技术进步相关计划取得财政资金支持。在产业化研发阶段除了由意向受让方提供部分研发经费，也申请政府专项研发资助。技术转让费和产业化投资主要依靠私人资本，包括受让方的商业投资，对初创企业的种子投资和风险投资，当然在某些情况下也可能包括政府的产业化引导资金。

第四节　技术经理人

一、定义辨析

技术经理人是技术转移服务人员的一个常见称谓。在当前实践中，这类人员另一个常见的称谓是技术经纪人。我们首先对这两个词进行简单辨析。

1997 年，科技部关于《技术经纪资格认定暂行办法》（2011 年已废止）指出，技术经纪人是指在技术市场中以促进成果转化为目的，为促成他人技术交易而从事居间、行纪或代理等经纪业务，并取得合理佣金的公民、法人和其他经济组织。在全国范围内，陆续出现技术经纪人培训及技术经纪人协会。业内赋予技术经纪人一个很形象的称谓——“科技红娘”，期望这个职业为技术转移起到牵线搭桥的作用。

技术经理人源自美国大学技术经理人协会（Association of University Technology Managers，AUTM）。该协会是推动知识产权管理与技术转移的国际化组织，致力于促进大学和企业、政府之间的技术转移。

西安赛乐思特总裁卜昕认为，狭义的技术经理人是指在高校及科研院所技术转移办公室从事技术转移的专业人士；广义的技术经理人是指参与技术转移过程的相关人员。

2017 年，教育部举办首期全国高校高级技术经理人培训班，官方引用了“技术经理人”这个新称谓。2018 年，李克强总理主持召开的国务院常务会议要求“强化科技成果转化激励，引入技术经理人全程参与成果转化”。技术经理人的称谓在政府文件中出现也越来越多，但是技术经理人在国内并没有一个明确的定义。

有人认为技术经纪人服务范围相对较窄，主要是居间中介和交易代理服务，其实技术经理人服务范围覆盖整个技术转移全流程。在《国家技术转移体系建设方案》第（八）条中提出："完善多层次的技术转移人才发展机制。加强技术转移管理人员、技术经纪人、技术经理人等人才队伍建设，畅通职业发展和职称晋升通道。"不过，它并没有给出技术转移管理人员、技术经纪人和技术经理人三者的定义。但是也有人认为两者基本含义是一致的，只是不同的称谓而已。

2020 年 3 月，科技部火炬中心印发《国家技术转移专业人员能力等级培训大纲》。该大纲中将初级和中级技术转移专业人员称为初级技术经纪人和中级技术经纪人，而将高级技术转移专业人员称为高级技术经理人。由此可见，该大纲认为技术经纪人和技术经理人都是对技术转移专业人员的一个称呼，只是所应具备的能力多少不同而已。

从当前的实践来看，在政府的文件或国家领导讲话中，这两个称谓经常出现，所表达的含义并未见明显的区分。随着技术转移工作的深入推进，技术经纪人的职责范围也在不断拓展。在开展技术转移相关人员培训时，有的省市称为技术经纪人培训，有的称为技术经理人培训，两种培训所讲授的内容基本是相同的。因而，本书认为这两个词都是对技术转移服务人员的一个称谓，并没有本质区分。因为叫什么并不重要，重要的是赋予这个角色什么样的实际功能，让其在技术转移中发挥实际作用。我国正处于技术转移服务体系建设的初级阶段，将技术转移服务人员再人为地分为两类不利于服务体系的发展。因而，本书对技术经纪人和技术经理人不做细致的区分，视为同一类型的对象，统一用技术经理人描述。下面我们通过探讨其职能和要求，明确这类对象的边界。

利用"核心–催化"理论可以更清楚地界定技术经理人的主要特征。技术经理人是以服务于技术转移为主的，因而技术经理人的主要特征不是发挥核心功能的作用，而是催化功能。根据"核心–催化"理论，技术经理人是指主要通过催化功能参与并影响技术转移过程的相关人员。常见的技术经理人包括：

①高校、科研院所成果处、技术转移中心和科技园等部门的工作人员。

②以转化为导向的专利代理人、律师、科技评估师等第三方专业服务

人员。

③专业技术转移机构的服务人员。

④各类技术转移平台运营人员。

⑤科技企业孵化器相关人员。

⑥政府科技成果转化相关部门人员。

二、业务职能

技术经理人是技术转移服务机构的核心人员，因而本章第二节中所介绍的技术转移服务机构常见服务模式都需要技术经理人参与。由于催化功能是不断创新的，是无限多的，因而技术经理人的业务职能也是在不断增加的。在实践中，技术经理人常见的业务职能有以下几个方面：

①为供方或需方提供信息服务，包括搜集、筛选、分析、加工和发布等。

②为供方提供技术评价、权利保护等服务。

③为供方提供技术营销服务。

④为供方或需方提供技术匹配服务。

⑤为供方或需方提供法律相关服务，例如合同签订、处理专利纠纷等。

⑥协助供方或需方进行商务谈判、协调分歧。

⑦为供方或需方提供财税咨询服务。

三、知识技能要求

1. 知识技能模型

要讲清楚技术经理人应该具备的知识技能，首先要理清楚两个问题，即什么样的人可以称为技术经理人和优秀的技术经理人应该是什么样的。前一个问题探讨的是技术经理人的门槛要求，后一个问题探讨的是技术经理人的长远发展目标。

根据技术经理人在多个技术转移案例中所发挥的作用进行分析可以得

出如下结论：技术经理人在技术转移过程中主要发挥的是催化功能，而这种催化功能能够发挥作用的前提是该技术经理人对技术转移过程全链条的基本知识非常熟悉。只有了解了这些基本知识，技术经理人才能够分析并找到核心方融合存在的问题，并将催化功能发挥在合适的点上。经研究，我们得出技术经理人基本知识技能构架模型，如图 4-3 所示。这是一个 T 型结构。技术转移全链条的基本知识体现的是技术经理人知识构架在面上的广度，便于准确地分析并发现问题。而专业催化技能则是技术经理人知识构架在某个方向上的深度，便于定点解决问题。学习基本知识的重点不在于掌握得有多深，而在于范围的广度和链条的完整性。催化技能的重点则是掌握的深度。两者结合便能够在技术转移过程中发挥催化作用。这个模型所体现的也是作为一个技术经理人的门槛条件。只有技术转移基本知识但没有专业技能的人员只能分析和发现问题，但是无法解决问题，在技术转移过程中的价值就很低；只有专业技能，但没有技术转移基本知识的人员难以正确分析和发现技术转移过程中存在的问题，只能称为某领域的专业人士，但却不能很好地融入技术转移过程中。

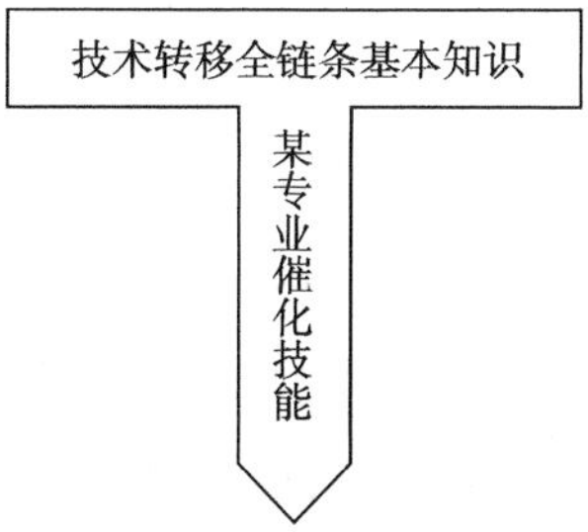

图 4-3　技术经理人基本知识技能构架模型

优秀技术经理人的知识技能构架模型如图 4-4 所示。相比较技术经理人的基本要求，优秀技术经理人的基本知识面的广度更大，所具备的专业催化技能深度更深，或种类更多，能够更全面深入地分析问题并服务于技术转移。优秀是无止境的，没有最优只有更优！因而优秀技术经理人只是一个发展方向，没有具体的标准。

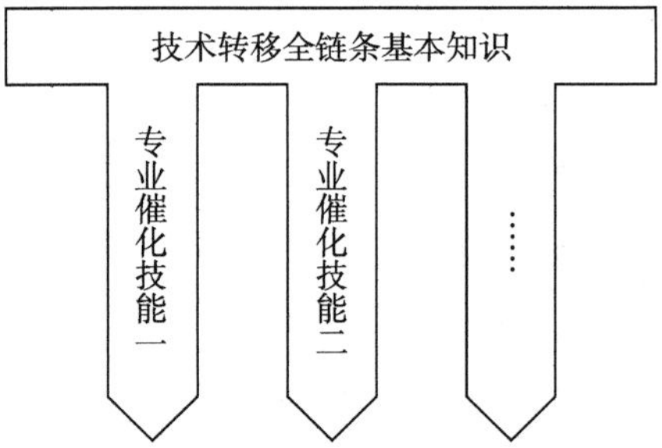

图 4-4　优秀技术经理人知识技能构架模型

国务院常务会议要求引入技术经理人全程参与成果转化，所指的是在科技成果转化的全链条中都要有技术经理人参与催化服务，可以是多个技术经理人合作完成，而并不是说一个经理人必须在科技成果转化全链条中都参与进来。也就是说，一个技术经理人并不需要对每个环节中所需要的催化技能都擅长。

基本知识可以通过培训在较短的时间内达到合格的水平，而专业的催化技能则需要经过长时间的专业学习和实践才能掌握。技术经理人（或技术经纪人，下同）培训班所解决的是基本知识的普及问题。这种普及培训非常重要，可以让之前已经具备某种催化技能的专业人员快速地融入技术转移体系中，使其催化技能在技术转移过程中得到充分的发挥。有些参加过培训的学员经常有这样的疑惑："为什么我参加完技术经理人培训依然无法进行技术转移服务工作?"上面的模型可以解释这个问题。只有技术转移全链条的基本知识还不够，因为即使能够分析出核心方融合的问题所在，自己也不具备切入其中进行服务的能力。因而，技术经理人应注意知识面广度的拓展和深度的提升。

从培训体系建设的角度来说，未来的技术经理人培训不仅要进行基本知识的培训，而且还应针对技术转移过程中急缺的相关催化技能进行专门的培训和实操训练。这种专业能力的培训并非是通过几个小时的学习就能具备的，需要更长时间的学习和实践锻炼。基本知识的培训与专业技能的培训都是培养优秀技术经理人不可或缺的环节。

2. 具体知识和技能

技术经理人的主要服务对象是技术转移过程中的核心方，结合其业务职能和基本要求，这里简要介绍技术经理人应掌握的基本知识和催化技能。

技术转移全链条基本知识包含的内容非常多，技术经理人应尽可能多地了解这些基本知识，以下所列仅为常见的基本知识：

①技术研发基本知识。

②技术实施基本知识。

③技术投资基本知识。

④技术转移的基本流程和常见模式。

⑤技术转移相关政策。

⑥商业谈判的常见技巧。

⑦技术合同签订和登记相关知识。

⑧良好的沟通能力。

技术经理人至少应具备一项专业级的催化技能。除自己的专业领域以外，其他催化技能也应作为基本知识加以了解。以下所列仅为常见的催化技能：

①技术、需求、专家或企业相关信息搜集、筛选、分析和加工能力。

②技术评估能力。

③技术化验测试的能力。

④技术知识产权保护的能力。

⑤为成果转化过程提供法律咨询服务的能力。

⑥为成果转化过程提供财税咨询服务的能力。

⑦其他能在成果转化过程中起到催化作用的能力。

⑧技术营销能力。

技术经理人所需基本知识的深度要求相对较低，因而技术经理人可以在较短的时间内补充基本知识，而专业的催化技能则需要借助专业的书籍或培训学习专业知识，并经过一段时间的实践锻炼才能获得。本书的内容也属于技术经理人所需基本知识的范畴。技术经理人可以借助本书了解技术转移全链条的基本流程和模式，技术研发基本知识、技术实施基本知识、技术投资基本知识、政府超级催化功能以及部分催化功能的特点等。当然，对于培养优秀的技术经理人而言，这些内容还远远不够。优秀技术经理人还要更广泛地学习基本知识和专业催化技能，并在实践中完善自己的知识和技能体系，才能不断提升催化技术转移的实际效果。

第五章　政府：超级催化功能

第一节　政府在科技成果转化中的职责

一、概述

《促进科技成果转化法》第八条规定："国务院科学技术行政部门、经济综合管理部门和其他有关行政部门依照国务院规定的职责，管理、指导和协调科技成果转化工作。地方各级人民政府负责管理、指导和协调本行政区域内的科技成果转化工作。"由此可知，各级政府的主要职责是管理、指导和协调科技成果转化工作。最有利于科技成果转化的政府是帮助科技成果转化链条上各要素发展的政府，而不是替代这些要素的政府。在本书第一章中已经介绍，政府在科技成果转化体系中主要发挥催化作用，属于催化方，而不是核心方。政府不仅能够催化核心方，而且还能够影响催化功能，其所发挥的作用被称为超级催化功能。政府科技管理部门的催化功能以宏观催化为主，而技术转移服务机构以微观催化为主。政府与技术转移服务机构互补形成了科技成果转化完整的催化体系。

近几年，我国持续推进政府简政放权、放管结合、优化服务的改革，使政府的作用得到了更好的发挥。北京大学张维迎教授在《市场与政府》[1]中这样描述政府与市场经济中市场的关系："市场要有效地运行，不能没有政府；但政府力量的扩展，可能导致市场本身的毁灭。因此，如何在发挥政府积极作用的同时有效地节制政府对市场的破坏，是每一个市场经济国家面临的难题。"这段话讲明了国务院要求各级政府"简政放权、放管结合、优化服务"的原因。过度的"管"会破坏市场，而完全的"放"同样不利于市场的健康发展。"放管结合"才是正确的思路，但是要真正实现恰当地放管结合非常难，因为要达到这个要求最重要的是政府要对所管理和服务的对象进行深入的研究，找到"放"和"管"的合适的度。

科技成果转化为现实生产力的一系列活动从根本上说属于市场化活动，在这个过程中，政府的作用同样是两方面的。一方面，政府可以运用行政手段、经济手段和法律手段对科技成果转化中的市场失灵问题起到有益的补充作用；另一方面，政府如果在管理中存在越位、错位和失位等政府失灵的表现，就会阻碍科技成果转化工作的进展。简政放权是指降低准入门槛，凡是靠市场自身的机制能够解决的问题，政府就要放权，让市场自己解决。但是简政放权绝不是一放到底，而是要找到放的门槛，这个门槛就是"市场失灵"的地带。政府在放的同时要配套相关政策，引导市场要素向着市场化的方向发展，提升各要素之间自发融合的驱动力。放管结合是指在放的同时，对于一些"市场失灵"的问题，政府要加强监管，促进社会公平正义。优化服务是指提高政府服务的效率，为科技成果转化全链条中的各要素营造更为便利的生态环境。

因而，各级政府应充分理解党中央、国务院关于"放管服"改革的相关要求，结合科技成果转化全链条基本规律，充分利用市场化规律，并且及时发现"市场失灵"的问题，才能实现放管有度，服务到位，在科技成果转化工作中发挥正催化作用。

二、政府职能分析

从宏观的层面来说，政府在科技成果转化工作中的职能主要有三个：

[1] 张维迎．市场与政府［M］．西安：西北大学出版社，2014.

方向引导、监管和服务。在行使这些职能时，针对不同的对象所采取的具体措施和采用的方法各有不同。在科技成果转化的全链条中涉及的对象类型非常多，制定或分析政策时应明确对象的类型。通过科技成果转化“核心-催化”理论，我们明确了科技成果转化的三个核心功能与多个催化功能。从促进这些功能发展的角度来说，每一类核心功能具有共性，而各种催化功能主要存在于技术转移服务机构，也具有共性。明确这些对象的特点有助于理解政府在科技成果转化工作中的各项职能。

1. 方向引导职能

在市场经济体制下，市场主体的行为受市场规律的调节，主要由市场来引导，科技成果转化的引导也应以市场的引导为主。但是，市场经济中的个体以追求个人利益最大化为目标，并非是以国家利益最大化为目标。党的十八大明确提出“科技创新是提高社会生产力和综合国力的战略支撑，必须摆在国家发展全局的核心位置”，强调要坚持走中国特色自主创新道路、实施创新驱动发展战略。科技成果转化则成为创新驱动发展战略的重要组成部分，在国家经济发展中占有重要地位。我国科技成果的规模化转化处于初级发展阶段，市场化机制也处于完善时期，政府宏观引导职能就显得尤为关键。

政府对科技成果转化的引导作用主要有两个方面。一方面，政府要引导科技成果转化各要素向着科技成果转化为现实生产力的方向发展和融合，解决驱动力问题；另一方面，政府根据实际发展需要规划未来发展的重点，引导科技成果转化各要素向着国家需要的方向发展。例如，政府持续推动大众创业、万众创新，促进人工智能、大数据、云计算、物联网等产业的发展，加快建设质量强国、制造强国等均对科技成果转化具有重要的方向性引导作用。

发布政策是政府发挥方向引导职能的重要方式。要制定准确引导、高效驱动的政策，需要根据科技成果转化的特点，发现过程中存在的共性问题，并将问题落实到具体的对象群体，然后才能有针对性地制定财政、税收、金融政策，规划未来发展重点，建立相应的激励机制，引导科技成果过程中各要素向着共同的目标努力。

政策引导的对象主要包括研发人员、创业者、投资者和技术转移服务人员和机构。这些要素所具备的主要功能分别为研发、实施、投资和催化等功能。例如，教育部和科技部印发的《关于规范高等学校 SCI 论文相关指标使用 树立正确评价导向的若干意见》主要引导高校的研发人员破除“SCI 至上”倾向，鼓励科研人员向着科技转化为现实生产力的方向努力；科技部发布《举办第八届中国创新创业大赛的通知》主要引导的对象是创业者；国家设立科技成果转化引导基金主要引导投资功能的方向；国家技术转移人才培养基地建设主要是引导技术转移服务机构人员能力的提升。

2. 监管职能

政府在科技成果转化过程中的监管职能就是通过各种有效手段保证整体市场的公平、合理，实现现实条件下的个体利益最大化与整体效益最大化的统一。我国的科技成果转化市场正处于初级发展阶段，市场体系本身并不完善，市场秩序有待规范。在初级阶段，很多情况下，个体利益最大化的导向会制约整体效益最大化的长远导向。因而个体理性只能是一种有限理性，政府在这方面的角色不可替代。政府需要发挥市场监管职能，培育和保护好技术转移市场的发展。政府可以通过制定有关技术转移的法律及地方性法规保证技术交易公平，维护技术转移市场的秩序；通过严格执法维护技术交易者的产权，保护技术转移主体各方的合法权益。

政府的监管职能与方向引导职能是密切配合的。监管职能是方向引导职能能否落地的重要保障，方向引导职能是监管职能实施的导向。

3. 服务职能

由于技术是一种特殊商品，技术的交易存在很大的风险性和秘密性，所以技术转移过程中需要有许多一般商品交易没有的辅助机构和服务活动。在“核心-催化”理论中提到的信息型催化、价值发现型催化以及保护型催化等都属于技术转移中所需要的服务类型。这些具体服务大部分应交给市场化机构来提供，但是对于一些共性的服务、需要公信力的服务或者市场化机构实施难度较大的服务，则应该由政府充分发挥自身的优势，为科技成果转化的各要素来提供。

①信息服务。政府掌握着市场化技术转移服务机构所不具备的信息，例如，全国各省市技术交易的相关数据、科技成果登记库的信息等。政府为科技成果转化的各方提供这些信息的服务非常重要。例如，2020 年 1 月，在科技部成果转化与区域创新司的指导下，中国科技成果管理研究会、国家科技评估中心、中国科学技术信息研究所发布了《中国科技成果转化年度报告 2019（高等院校与科研院所篇）》。该报告综合分析了全国高校与科研院所科技成果转化的相关数据和成效、典型经验等。类似信息及时、全面地公布对于促进技术转移具有重要的意义。

②技术转移平台体系建设。促进技术转移的一个重要方式就是促进技术转移各方互联互通，相互匹配，而且是在较大范围内接触和匹配。因而，建立能够在全国范围内实现互联互通的技术转移平台体系很有必要。这个体系不一定是专门建立一个平台，而是要建立各省市技术转移平台之间互联互通的机制，使之形成一个体系。

③评价体系建设。科技成果评价体系在技术转移过程中能够为供需双方在交易过程中提供参考，是当前技术转移过程中非常严重的短板。一个科学的评价体系最核心的两个原则就是“是否可信”和“是否有用”。要想做到可信，则需要具备一定的公信力，而要做到有用则需要组织专家对评价体系进行深入研究。由这两个方面的要求可见，评价体系和评价标准需要由政府来组织建设。一旦将体系和标准构建好，技术转移服务机构则可以借助该体系在确保可信和有用的前提下，按标准具体实施科技成果评价。

④知识产权保护体系建设。知识产权保护体系是保护发明人权利、鼓励科技创新发展的重要保障。我国政府一直非常重视知识产权保护体系建设，正在实现知识产权由量到质的转变。2020 年 2 月，教育部、国家知识产权局和科技部联合发布了《关于提升高等学校专利质量促进转化运用的若干意见》，明确了专利以转化为主的引导方向。

⑤技术转移相关人员能力提升服务。我国技术转移的发展处于初级阶段，技术转移人才的水平参差不齐。提高从业人员的整体水平对于促进技

术转移而言至关重要。在技术转移人员的规模还较小的情况下，要实现纯市场化的培训较难，此时就需要政府引导更多希望从事技术转移的人员参加相关培训。同时，在初级阶段，政府可以从培训经费和培训专家等方面支持技术转移人才的培训工作。

政府的服务职能具有服务范围广、公信力高等特点，在技术转移过程中能够直接推动相关工作的开展，具有重要意义。政府需要不断研究技术转移过程中各要素的共性问题以及核心功能融合过程中的共性问题，发挥自身的优势，提供精准服务。政府在提供服务时应注意，凡是技术转移服务机构能够提供的服务，政府应尽可能引导市场化的机构去实施，而政府则集中精力解决服务过程中共性的、有难点的问题。政府与市场化的技术转移服务机构共同发力才能形成合理有效的技术转移催化生态体系。

三、问题思考

没有完美的政策，只有适合的政策。无论从政策制定的角度还是实施的角度，政府要时时检视政策，不断修正和完善政策。就科技成果转化相关政策中的问题，可以从以下几个角度思考：

1. 政策的可操作性如何

政策是否具备可操作性是政策最终能否落地的关键。要提升政策的可操作性，需要仔细研究科技成果转化的特点，明确政策的针对群体，并研究所针对群体的特点。同时，要仔细权衡相关激励措施的尺度，找到合适的点。例如，对于专利授权的相关奖励政策，其本意是希望通过奖励政策提升研发人员的保护意识，降低科研人员负担的保护成本，从而使科研人员专心研究并提升专利的质量。但是，由于对专利授权奖励的额度过大，使科研人员仅通过专利授权就能够获利，反而使得有些人只关心专利数量，不关心专利质量。这样的政策导致专利本来的投入与转化收益的平衡被打破了，在现实中就不具备可操作性。

2. 已有政策实施绩效如何

近几年发布的科技成果转化政策较多，就针对的科技成果转化要素而言，涵盖较为全面。从政策整体实施效果来说，对技术转移的促进较为明显，可以通过技术合同登记额的增长反映出来。2019 年，我国技术合同成交额为 22398.4 亿元，比上年增长 26.6%，首次突破 2 万亿元。2016 年，这一数字刚刚突破 1 万亿元，而 1984 年开始登记技术合同时，成交额是 7 亿元。仅从数据上看，35 年来成交额增长了 3000 多倍。但是，仅从整体效果无法分析各个政策的具体实施效果。每个政策都应在执行一定时间后，及时进行绩效评价，从而不断完善政策。科技成果转化政策的绩效评价也是当前的一个难点。

3. 已有政策与当前形势是否匹配

每个政策都是为了适应不同的国际环境、国家的发展导向、对象的不同发展阶段等前提条件。一旦这些条件发生了变化，政策的作用可能大打折扣，甚至由正催化变成负催化。因而，政策实施一段时间后，要经常审视当前的大环境与制定政策时所设置的前提条件是否一致，如果变化了，则需要判断该政策是否适合变化后的环境，并根据实际情况及时做出调整。2016 年 6 月，科技部集中对部分规章和文件予以废止，其中就包含与科技成果转化密切相关的一系列文件，例如《科学技术成果鉴定办法》《科技成果鉴定规程》《关于大力发展科技中介机构的意见》等。这些规章或政策都不符合当前形势的发展。有些政策已经有新的政策替代，有些还没有新政策替代。例如《科学技术成果鉴定办法》废止时并没有新政策替代，即使这样，废止这样的政策依然意义重大，只有将不合适的政策废止，才会催生更适合当前形势的政策。

第二节　政策分析示例

政策从发布到发挥作用有个实施的过程，而实施过程则涉及与政策相关的各个对象。这些对象都需要对政策进行分析，深入理解其导向，再结合自身的实际情况具体实施。这些对象对政策分析理解的程度与后续实施的效果关系非常密切。本节以 2020 年 2 月，教育部、国家知识产权局和科技部联合发布的《关于提升高等学校专利质量促进转化运用的若干意见》为切入点，结合上一节中介绍的政府职能定位，从政策针对的对象、政策导向以及启发等方面探讨政策分析的过程。

一、整体分析

《关于提升高等学校专利质量促进转化运用的若干意见》主要是为了深入贯彻落实党中央、国务院重大决策部署，重点解决实地调研所得问题和一线人员所反映的高校科技成果转化工作存在的一些突出问题。其中，科技成果质量不高、技术转移机构和人才专业能力欠缺、数量不足是制约高校科技成果转化的重要因素。而专利作为科技成果的重要展现形式，存在“重数量轻质量”“重申请轻实施”的突出问题。该政策涉及的主要对象包括科研人员、高校科技成果管理人员和技术转移服务机构相关人员等。该政策最大的特点就是“回归专利保护的初心”。国家三部委以专利为突破口，优化专利资助奖励政策和专利考核评价机制，形成了专利制度中成本与收益最本质的制约作用，引导科研人员建立对技术保护和转化的意识，强化技术转移服务机构作用和技术转移人才队伍建设，切实提升专利质量，促进科技成果规模化转化。

二、具体分析

本书不对政策的所有内容进行分析，只对重点内容和难以理解的部分进行分析。在下面的每个分析示例中，首先按照在政策中出现的先后顺序，节选政策原文中的一段文字，然后对其进行分析。

1. 示例一

（三）主要目标

到 2022 年，涵盖专利导航与布局、专利申请与维护、专利转化运用等内容的高校知识产权全流程管理体系更加完善，并与高校科技创新体系、科技成果转移转化体系有机融合。到 2025 年，高校专利质量明显提升，专利运营能力显著增强，部分高校专利授权率和实施率达到世界一流高校水平。

政策解析：在 2022 年之前以专利过程管理规范化建设为主导，相当于设置了两年的过渡期，让各高校在这个期间按要求完善体系。之后则开始重视结果绩效的考核。此处将授权率和实施率作为重要的考核目标，比之前考核申请量和授权量的引导方向更明确，直接指向科技成果转化。但需要警惕有的高校会为了增加授权率和实施率而人为地设置障碍阻碍发明人进行专利申请，以降低分母从而提升授权率和实施率的现象。这种现象会使许多原本需要保护的科技创新失去了保护的机会。本政策重点任务第 5 条中的规定“专利申请评估后，对于高校决定不申请专利的职务科技成果，高校要与发明人订立书面合同，依照法定程序转让专利申请权或者专利权，允许发明人自行申请专利，获得授权后专利权归发明人所有”，可以弥补单纯考核授权率和实施率所带来的潜在风险。在未来的高校考核中，应将授权率和实施率同技术交易额并重，才会形成“效率”和“数量”的制约，真正引导高校专利向着促进科技成果转化的方向发展。

2. 示例二

2. 建立健全重大项目知识产权管理流程。高校应将知识产权管理体现在项目的选题、立项、实施、结题、成果转移转化等各个环节。围绕科技创新 2030 重大项目、重点研发计划等国家重大科研项目，探索建立健全专利导航工作机制。

政策解析：该条款重点强调在从科研立项到最终转化的全过程中加强知识产权管理，从而全面提升知识产权保护的质量和保护的实际意义。从科研人员的角度来说，要在科研的整个流程中融入知识产权保护的理念，仅依靠知识产权代理机构是不够的，科研人员也要增加知识产权保护的相关知识和技能。从知识产权代理机构的角度来说，仅仅是在专利最终申请时参与是不够的，要在科研全流程中参与知识产权的管理工作。因而专利代理师需要尽快补充科研全流程的基本知识。在本书第六章中将简单介绍科研过程中的基本知识。

3. 示例三

> 3. 逐步建立职务科技成果披露制度。高校应从源头上加强对科技创新成果的管理与服务，逐步建立完善职务科技成果披露制度。科研人员应主动、及时向所在高校进行职务科技成果披露。高校要提高科研人员从事创新创业的法律风险意识，引导科研人员依法开展科技成果转移转化活动，切实保障高校合法权益。未经单位允许，任何人不得利用职务科技成果从事创办企业等行为。

政策解析：该条款主要为了规范科技成果转化活动，引导科研人员按法律法规的要求实施职务科技成果，防止私自利用职务科技成果创业。这既是对科研人员的限制，也是对科研人员的保护，有利于高校科技成果转化工作良性、可持续发展。值得注意的是，该条款与鼓励科研人员创业并不矛盾，该条款重点强调创业的合法合规性。随着赋予科研人员职务科技成果所有权或长期使用权相关政策的实施，这一条款在实施过程中会非常顺畅。

4. 示例四

> 4. 建立专利申请前评估制度。有条件的高校要加快建立专利申请前评估制度，明确评估机构与流程、费用分担与奖励等事项，对拟申请专利的技术进行评估，以决定是否申请专利，切实提升专利申请质量。评估工作可由本校知识产权管理部门（技术转移部门）或委托市场化机构开展。

政策解析：该条款首次明确提出了建立专利申请前评估制度的要求。专利申请前评估在美国高校的知识产权管理中是一个非常重要的环节，这是提升专利质量，减少“垃圾专利”的重要环节。在专利申请前评估时，应将是否有转化价值作为筛选的重要依据，能否授权仅作为一个基础依据，而不是唯一的依据。

在过去的十几年间，我国高校对专利的考核指标以申请量和授权量等为主要指标。在这种情况下，高校关心专利申请量的增加，对专利的质量并不关心，因而也几乎不做专利申请前评估。随着该政策的实施，各高校必须要做出转变。如何开展专利申请前评估将是未来讨论的热点，也是实际实施的难点。根据之前的研究，科技成果标准化评价体系可以在专利申请前评估中发挥一定作用。关于科技成果标准化评价体系将在本书第九章中简单介绍。

该条款明确提出评估工作可由本校知识产权管理部门（技术转移部门）或委托市场化机构开展。对高校内部的技术转移服务机构来说，开展这项业务需要增加人手，同时相关人员应加强专利评估的相关知识和技能。对于大部分学校的技术转移部门来说，人员数量较少，达不到开展这项工作的基本要求。因而，该条款也为第三方科技成果评价机构提供了拓展业务的机会。

5. 示例五

对于评估机构经评估认为不适宜申请专利的职务科技成果，因放弃申请专利而给高校带来损失的，相关责任人已履行勤勉尽责义务、未牟取非法利益的，可依法依规免除其放弃申请专利的决策责任。对于接受企业、其他社会组织委托项目形成的职务科技成果，允许合同相关方自主约定是否申请专利。

政策解析：该条款主要对象是高校知识产权管理负责人。此处最关键的是在一定条件下，可依法依规免除其放弃申请专利的决策责任。由于上面提到的专利申请前的评估并未明确方法，因而如何确定是否放弃申请专利也将是未来实施的难点。未来判断是否放弃申请专利的依据应是明确的，并形成相关的标准或规定，按标准或规定实施方可免责。

6. 示例六

5. 明确产权归属与费用分担。允许高校开展职务发明所有权改革探索，……发明人不得利用财政资金支付专利费用。

专利申请评估后，对于高校决定申请专利的职务科技成果，鼓励发明人承担专利费用。高校与发明人进行所有权分割的，发明人应按照产权比例承担专利费用。不进行所有权分割的，要明确专利费用分担和收益分配；高校承担全部专利费用的，专利转化取得的收益，扣除专利费用等成本后，按照既定比例进行分配；发明人承担部分或全部专利费用的，专利转化取得的收益，先扣除专利费用等成本，其中发明人承担的专利费用要加倍扣除并返还给发明人，然后再按照既定比例进行分配。

专利申请评估后，对于高校决定不申请专利的职务科技成果，高校要与发明人订立书面合同，依照法定程序转让专利申请权或者专利权，允许发明人自行申请专利，获得授权后专利权归发明人所有，专利费用由发明人承担，专利转化取得的收益，扣除专利申请、运维费用等成本后，发明人根据约定比例向高校交纳收益。

政策解析：该条款涉及的主要对象是科研人员。所有权改革也是未来改革的一个方向，有利于激励科研人员向着转化的方向研究技术并申请专利。2020 年 2 月，中央全面深化改革委员会第十二次会议审议通过了《赋予科研人员职务科技成果所有权或长期使用权试点实施方案》。这项改革的具体实施将对科技成果转化过程中的一系列问题产生重要影响。但是在实施所有权改革的过程中，还存在一些可操作性问题。在制定该条款的具体实施方案时，还需要考虑《中华人民共和国促进科技成果转化法》和《中华人民共和国专利法》中关于职务成果的相关规定。

该条款同时规定了发明人对专利申请成本负担的义务和转化收益获取的权利要求，回归专利成本与利益相互制约的本质，有利于高质量专利的产生。关于专利费用的支付形式需要注意，根据相关领导对该政策的解读可知，如所有权归科研人员，则发明人不得利用财政资金支付专利费用；如所有权归高校和发明人共有，则高校承担的部分专利费用可以利用财政资金支付，发明人承担的部分不得利用财政资金支付；如所有权归高校所有，则可以利用财政资金支付专利费用。

该条款将利益分配区分为高校有权和高校无权两种情况。针对这两种情况，高校都要重新制定相应的分配方案。当前，在发明人无所有权的情况下，大部分高校给发明人的转化收益比例已经到了 70% 或 80%，有的甚至到了 90%。如果未来发明人支付专利费用并且有所有权时，收益比例提升的空间较小。从可操作性的角度来说，实际实施的过程中还存在一个难点：如果发明人有权和无权时所获得收益差距不大，那么其希望获得所有权自行支付专利费用的动力就不足；而如果收益差距很大，则高校把握有权和无权的尺度很难。解决这个问题的关键在于是否有相对客观的评价筛选机制。

7. 示例七

6. 加强技术转移与知识产权运营机构建设……

支持市场化知识产权运营机构建设，为高校提供知识产权、法律咨询、成果评价、项目融资等专业服务。鼓励高校与第三方知识产权运营服务平台或机构合作，并从科技成果转移转化收益中给予第三方专业机构中介服务费。鼓励高校与地方结合，围绕各地产业规划布局和高校学科优势，设立行业性的知识产权运营中心。

政策解析：该条款旨在引导技术转移服务机构的发展。通过鼓励高校从科技成果转移转化收益中给予技术转移服务机构服务费，从而引导技术转移服务机构的服务应以转移转化为导向，而不是单纯地做专利授权。该条款从导向上来说非常好，但是从可操作性的角度来说，实施起来难度较大。科技成果转化的周期较长，失败概率相对较高，这种收费模式相当于“风险代理”模式。一方面，当前大部分技术转移服务机构从资金链来说能否支撑长期投入是个问题；另一方面，技术转移服务机构在科技成果转化过程中发挥的本是催化功能，并非核心功能。让催化方拿着普通的服务费却承担着核心方的风险，也是值得探讨的问题。未来技术转移服务机构以较低固定前期收费加上转化后大额尾款的方式收取服务费也许是个较好的折中方案。该条款也将使得技术转移服务机构面临大洗牌。

8. 示例八

7. 加快专业化人才队伍建设。支持高校设立技术转移及知识产权运营相关课程，加强知识产权相关专业、学科建设，引育结合打造知识产权管理与技术转移的专业人才队伍，推动专业化人才队伍建设。鼓励高校组建科技成果转移转化工作专家委员会，引入技术经理人全程参与高校发明披露、价值评估、专利申请与维护、技术推广、对接谈判等科技成果转移转化的全过程，促进专利转化运用。

政策解析：该条款强化了技术经理人在科技成果转化全流程中的作用，鼓励开展技术转移及知识产权运营相关培训。未来技术经理人的培训必将越来越重要，对培训内容实用性的要求也会越来越高。

9. 示例九

9. 完善人才评聘体系。高校要以质量和转化绩效为导向，更加重视专利质量和转化运用等指标，在职称晋升、绩效考核、岗位聘任、项目结题、人才评价和奖学金评定等政策中，坚决杜绝简单以专利申请量、授权量为考核内容，加大专利转化运用绩效的权重。支持高校根据岗位设置管理有关规定自主设置技术转移转化系列技术类和管理类岗位，激励科研人员和管理人员从事科技成果转移转化工作。

政策解析：职称是高校科研人员最在乎的利益之一。该条款从人才评聘体系入手，限制对专利申请量和授权量的考核，加大专利转化运用绩效的权重，就是回归专利制度的初心，对科技成果转化的促进作用非常大。同时，该条款提出了自主设置技术转移转化系列技术类和管理类岗位的要求，对于高校技术转移相关人员来说也具有重要引导作用。

10. 示例十

10. 优化专利资助奖励政策。高校要以优化专利质量和促进科技成果转移转化为导向，停止对专利申请的资助奖励，大幅减少并逐步取消对专利授权的奖励，可通过提高转化收益比例等“后补助”方式对发明人或团队予以奖励。

政策解析：专利奖励也是高校科研人员最关注的利益之一。该条款回归专利获利的本质，让转化收益成为发明人的主要收益。该条款和示例九中的条款对于降低垃圾专利的数量，提升专利质量，并引导专利以转化为目的具有重要意义。同时，这两个条款对以专利授权为目的的专利代理机构来说影响较大，这些机构需要及时转型。

11. 示例十一

（四）创新许可模式。鼓励高校以普通许可方式进行专利实施转化，提升转化效率。支持高校创新许可模式，被授予专利权满三年无正当理由未实施的专利，可确定相关许可条件，通过国家知识产权运营相关平台发布，在一定时期内向社会开放许可。

政策解析： 该条款理解的难点在于支持三年未实施的专利，在一定时期内向社会开放许可。美国的《拜杜法案》也有类似的要求。《拜杜法案》规定联邦政府留有“介入权”，即大学如果未能通过专利许可方式使某项发明商业化，联邦政府将保留决定该项发明由谁来继续商业化的权利。同时规定，提供资金的联邦政府机构，对于所有的科研成果持有非独占的、不可转移、不可撤销的无偿使用权，并且在一定条件下可以强制所有权的国有化。

该条款的相关要求与《拜杜法案》中的要求较为相似，其作用也是类似的，主要是督促高校尽快对专利实施转化。但是，科技成果转化周期较长，三年内实施难度很大，争议会比较多。因而在实施该项条款时，应注意对“正当理由”定义的细化。而且此条要求只是鼓励性质的，并非强制实施，各高校要按照自身实际情况制订具体的实施方案。

第三节　政策制定与实施案例

本节以青岛市科技成果评价体系建设过程中，相关政策的制定和具体实施的相关措施为例，探讨科技成果转化相关政策制定和实施过程中，政策对相关对象的引导和促进作用，以及最终对科技成果转化的促进作用。

一、明确政策针对的痛点

科技成果评价是科技成果转化过程中一个重要的催化功能。在我国当前情况下，国家出台了一系列政策，取消了鉴定，鼓励第三方评价。虽然科技成果第三方评价成为传统科技成果鉴定的替代方式，第三方评价机构得到了一定程度的发展，但是面向技术交易的市场化评价体系发展较为缓慢，主要存在以下几个痛点：

1. 社会化的第三方评价机构公信力偏低

自《科学技术成果鉴定办法》1994年10月发布以来，科技成果鉴定一直是由政府主导。科技成果完成方以及科技成果鉴定报告使用方形成了对官方评价机构信任的惯性，当科技成果评价的实施主体变为社会化的第三方机构时，在短时间内难以形成较高的公信力。

评价的实施主体改为社会化的第三方评价机构，可以实现评价的独立性，有助于评价沿着更加客观、公正的方向发展。但是在改革的初始阶段，可实操的评价理论和相关评价标准并没有较大发展，这导致第三方评价机构依然采用与传统鉴定基本相同的评价方式，即以专家主观意见为主的评价方式。同样的评价方式，不同的评价实施主体，社会化的第三方评价机构与官方评价机构相比自然不会有更高的公信力。

2. 科技成果第三方评价机构监管较难

评价机构社会化是未来的发展趋势，但是政府部门如果只放不管，很容易出现“一放就乱”的现象。由于科技成果评价报告的多个应用目的要求评价结论应具备一定的公允性，因而政府对社会化的第三方评价机构进行监管的关键点在于评价结论的公允性。由于传统鉴定结论与科技成果客观证明材料之间没有必然的关联，这导致鉴定结论是不可以重复的，公允性极低。当前，许多第三方评价机构依然采用的是与传统鉴定类似的评价方式，因而政府对评价报告质量的监管也就变得无法实现。“后鉴定时代”如何合理地实现“放管结合”成为科技成果评价改革成败的一个重要因素。

3. 评价结果对科技成果转化的引导作用较弱

科技成果转化为现实生产力是科技发展的最终导向。当前科技成果评价的结论依然是以传统的“国际领先”“国际先进”等抽象的词汇或者简单的专家打分为主。这些评价结论在科技成果奖励或者项目管理等单一应用中发挥了一定作用，但是与科技成果转化的关联很小，无法给技术交易的各方提供更多参考价值。这样易于形成仅为了评奖而评价，仅为了项目而评价的方式，无法引导评奖后或项目结题后所形成成果的后续转化。

二、青岛市科技成果评价体系建设之简政放权

作为国家科技成果评价试点中唯一的计划单列市，近年来，青岛市围绕“建立市场导向的科技成果评价机制”这个方向，深化科技体制机制改革，简政放权，充分发挥市场在配置创新资源方面的作用，培育社会第三方专业评价机构对科技成果进行独立公正的评价，真正由市场“唱主角”，让科技成果更快获得投资方、合作方的认可及政府支持，打通科技成果转化的渠道。

1. 简政放权第一阶段——取消鉴定

2009 年，青岛市成为科技部科技成果评价试点。在试点初期阶段，青岛市科技局就制定政策取消科技成果鉴定，实行第三方科技成果评价。青岛市科技局将科技成果评价活动的组织管理职能下放至青岛市技术市场服务中心，由民办非企单位青岛科技工程咨询研究院具体开展评价业务，完成了由政府主导的科技成果鉴定向第三方专业化科技服务机构承担科技成果评价的转变。

2. 简政放权第二阶段——多家评价机构竞争

在一期试点的后半段，为进一步深入推进试点工作并探索科技成果市场化评价管理与服务模式，青岛市科技局面向全市相关企事业单位展开调研，针对试点初期出现的科技成果评价服务机构单一、评价人员队伍行业专业知识欠缺、评价效率较低等相关问题，按照“先行试点、稳步推进”的原则，进一步增扩了包括行业协会、学会等在内的四家行业专业评价服务机构，改变试点初期单一评价机构垄断的格局。

3. 简政放权第三阶段——社会化第三方评价机构

2014 年，青岛市成为科技部科技成果评价二期试点。根据国家科学技

术奖励工作办公室科技成果评价二期试点要求，青岛市科技局相继出台了《青岛市关于开展二期科技成果评价试点工作的实施方案》《关于加快科技成果评价试点工作的通知》等一系列文件，将青岛市科技成果评价的行业管理职能赋予青岛市技术市场服务中心。青岛市技术市场服务中心引进并完善了科技成果标准化评价体系，采取“建体系、搭平台、组队伍、促改革”系列举措，培养了一支专业的科技成果评价队伍，培育社会化第三方评价机构 30 余家，将实施科技成果评价的功能放到社会化机构中，完成了由事业单位评价机构到社会化评价机构的转变。评价方式实现了由专家主观评价方式到标准化评价方式的转变。

三、青岛市科技成果评价体系建设之放管结合

青岛市技术市场服务中心对第三方科技成果评价机构监管的利器就是“标准化”。在评价二期试点初期，青岛市引入了中关村巨加值科技评价研究院的科技成果标准化评价体系，并且在该体系的基础上，组织专家团队对评价指标和评价方法进行深度研发，解决了诸多评价实操中出现的问题，形成了以成熟度、创新度和先进度为核心指标的新型标准化评价体系，提出了“技术三基色”理论。

在理论研究和评价实践经验总结的基础上，2017 年 2 月，青岛市发布了地方标准《科技成果标准化评价规范》。2019 年 5 月，联合天津、北京、上海等 13 个省市的 33 家单位共同起草并通过中国标准化协会发布《应用技术类科技成果评价规范》团体标准，从评价原则、程序、要求和方法等方面为规范市场化第三方评价机构的行为提供了操作规范。这一系列标准不仅实现了评价流程的标准化，最重要的是实现了评价方法的标准化。这些标准化的评价方法明确了评价结果与成果相关证明材料之间的关联，使得评价报告的评价结论可以复核，极大地提高了评价结论的公允性。

在评价实操中，科技成果评价机构按标准进行评价，青岛市技术市场服务中心则可以按标准进行审核。通过“标准化”青岛市实现了对评价报告质量的监管，进而实现了对科技成果评价机构和评价人员的监管。

四、青岛市科技成果评价体系建设之优化服务

在开展科技成果评价业务初期，社会化评价机构还存在公信力低、专业化水平不高等问题，亟须政府机构给予相关的指导和扶持，此时政府的服务职能则显得尤为重要。青岛市采取了一系列专业的服务措施来提升第三方评价机构的公信力和专业化水平。

1. 为评价机构提供可信且有用的评价方法

一方面，青岛市组织专家深入研究评价理论并在实践中应用，同时，及时总结评价实际操作中出现的问题并尽快完善，形成了新型科技成果标准化评价体系。该体系采用“关键证据法”，明确了评价结论与科技成果相关证明材料的关联，要求所有评价结论必须要有证明材料作为支撑，不允许做引申性描述，让评价结果更可信，极大地提高了评价报告的可信度，从而提升了第三方评价机构的公信力。

另一方面，在该标准化评价体系中，明确了评价核心指标的定义和详细的等级定义，同时明确了每个指标等级与科技成果转化中关键节点的关联，让科技成果转化链条中的各方能够从评价结论中获得重要的参考，从而使得评价结果更加有用，提升了第三方评价机构的服务质量。

2. 建立一系列可操作性强的评价标准

可操作性是决定一个评价体系能否在现实中应用的关键因素。青岛市的一系列标准是建立在2000多个评价实操案例基础上的，因而具有较强的可操作性。在青岛市科技成果标准化评价体系中，评价流程、评价方法以及评价过程文档（包括评价申请表、原始材料、评价报告、咨询专家意见表等）均实现了标准化。评价的标准化让评价流程更规范，让评价人员实施评价时更加简单，从而在保证相同评价质量的前提下，降低对评价人员水平的要求和评价的成本，减少第三方评价机构的负担，促进科技成果评价的良性发展。

3. 建立标准化评价网络平台

为方便科技成果评价工作的开展，青岛市科技局立项建设了科技成果

标准化评价网络平台。该平台按照青岛市科技成果标准化评价的实操流程建立，对科技成果评价机构免费开放。通过该平台，科技成果评价人员可以非常方便地撰写并提交评价报告，评价咨询专家可以快速地审核评价报告初稿，并给出修改意见，缩短了评价周期，节约了评价成本。青岛市技术市场服务中心的评价报告审核人员则可以通过该平台审核报告。同时，该平台还实现了评价和审核过程留痕，便于评价全过程监管。

此外，该平台通过评价体系所形成的科技成果数据库能够体现科技成果的核心特性，有利于成果完成单位、技术需求方以及技术转移服务机构等在成果转化过程中进行有针对性的筛选，并与科技成果转化平台对接，从而促进科技成果规模化转化。

4. 组织编写《科技成果标准化评价理论与实务》

为了更好地推广和应用科技成果标准化评价体系，2018 年 2 月，在科技部火炬中心的支持下，青岛市科技局组织编写了《科技成果标准化评价理论与实务》一书。该书由知识产权出版社正式出版，全面介绍了现有的科技成果标准化评价的相关理论、评价实际操作方法和相关政策。该书极大地方便了科技成果评价人员进行评价知识和技能的学习，已经成为北京、天津、上海、内蒙古、太原和青岛等地科技评估师培训班的教材。科技评价人员在实际评价过程中，也可以通过该书很方便地查阅评价相关方法或政策。

5. 组织科技成果标准化评价培训

青岛市注重对科技成果评价专业人员的培养，大力开展科技成果标准化评价培训活动，全面提升科技成果评价人员的评价技能。青岛市组织专家团队精心设计培训内容，确保培训效果。培训环节除了包括常规的课堂讲授、笔试考试和评价报告撰写考试等环节，还包括一个特色环节，即在评价报告撰写考试环节，所有学员的报告都会由专家组给出明确的评阅意见并反馈给学员，学员再根据意见修改评价报告。这个反馈修改的环节极大地提升了学员的评价实操能力。

青岛市已在本市举办了“海洋+科技评估师培训班”“科技成果标准化

评价培训班”等一系列评价专业培训班共 6 期，培训专业科技评价人员 300 余人。通过这些培训，科技成果标准化评价标准得到了深入的宣贯，科技成果评价人员的专业水平得到了极大的提升，解决了第三方评价机构专业化人才短缺的问题。

五、青岛市科技成果评价体系建设之效果

1. 在青岛市的应用与效果

近几年，青岛市聚焦科技成果转化，培育创新发展新动能。从 2015 年至 2019 年，全市技术交易额从 60.5 亿元增加到 170.46 亿元，全市科技创新能力有了较大提升。科技成果评价体系作为科技成果转化过程中的重要工具，在促进科技成果规模化转化方面发挥了积极的推动作用。

截至 2020 年 12 月 31 日，青岛市采用新型科技成果标准化评价体系共完成科技成果标准化评价项目 2900 余项。从评价项目的应用方向来看，以参评国家、省和市级科技奖励为目的的成果管理类评价项目 1300 余项，以技术交易为目的的评价项目 600 余项，还有一些是以项目管理为目的的。其中，在服务“首台（套）重大技术装备示范应用”项目申报方面，评价报告对于帮助提升首台（套）产品的市场认可度，加强首台（套）产品供需对接发挥了重要作用。在助推区域产业转型升级方面，青岛市科技成果评价机构为海尔、海信、中车等青岛市优势产业领军企业提供评价服务 218 项，对于引导企业围绕产业链部署创新链，助推区域新旧动能转化发挥了积极作用。

双创背景下，青岛市科技成果评价机构服务 30 余项创业项目竞争科技创业奖，行业涵盖电子信息、生物医药、智能制造、“互联网+”等领域，占到科技创业奖受理总数的七成以上，发挥了科技中介服务的“科技管家”作用。借助科技成果评价机构在文献检索、技术咨询、商业前景分析等方面的专业优势，初创企业相当于配备了一个“外脑”或“智库”。科技成果评价机构帮助企业梳理、修改、提炼成果，从而达到指导研发方向、积聚市场资源、加速创业企业发展的目的。

科技成果标准化评价体系在培养技术转移人才方面也发挥了重要作用。青岛市共举办技术经理人培训班10余场，培训技术经理人1000余人，这些人员已成为促进科技成果规模化转化的生力军。在技术经理人的培训中，科技成果标准化评价课程成为必修课程。通过培训，技术经理人已经将科技成果标准化评价体系作为科技成果筛选和推广的重要工具。

2. 在全国范围的应用与效果

青岛模式科技成果标准化评价体系以其实用性受到了科技部和全国多个地区科技管理部门的认可。在科技部火炬中心组织的面向全国科技管理部门和技术转移机构负责人的培训班、中国技术市场协会组织的技术转移技能培训班上以及在北京、上海、天津、重庆、山东、广东、浙江、江苏、吉林、福建、黑龙江、河北、甘肃、辽宁、湖北、河南、山西、云南、广西、内蒙古、宁夏和新疆等地科技管理部门组织的技术转移人才培训班上，青岛模式科技成果标准化评价体系作为核心课程之一，累计培训技术转移人才10000余人。该课程提升了技术转移人员对科技成果价值判断的能力和相互之间信息传递的准确性。

在培养科技成果评价专业人才方面，青岛模式科技成果标准化评价培训体系也受到了大家的认可。在青岛市举办的科技成果标准化评价标准培训班上，来自北京、天津、江苏、浙江和广东等地的学员参加培训并获得了专业的评价知识和技能。天津、上海、北京、太原和内蒙古已经将青岛模式科技成果标准化评价培训体系引入当地，开展科技成果标准化评价专题培训班，培养科技评价专业人才，有效地推动了当地科技成果评价和转化工作的发展。

六、小结

青岛市科技成果评价工作经过多年的实践探索，已经形成一条具有可操作性和实用性的新路径。从青岛的实践经验来看，在科技成果评价改革的进程中，科技管理部门的作用至关重要，需要持续推进简政放权、放管结合、优化服务，推动科技成果评价工作落到实处，进而促进科技成果规模化转化。

在科技成果转化工作中，政府的“放管服”知易行难。只有在实践中不断加深对“市场化、法治化、专业化”理念的认识，重视对科技成果转化体系的研究，才能使科技成果转化政策真正服务于科技创新和经济发展。

第六章　技术研发功能基本知识

第一节　科技研发的初心

一、科学研究与技术开发

恩格斯在《自然辩证法》中说过：“科学的产生和发展一开始就是由生产决定的。”科技研发工作本质就是一种服务于人类生活和生产的创造性工作，通过一定的方法、手段和设备，运用已有的知识，去探索未知的知识和运用知识去创造新的应用。研究的成果包括新的知识、新的原理、新工艺、新产品和新品种等。

科技研发可以理解为科学研究和技术开发的简称。科学研究偏重于认识世界，而技术开发偏重于改造世界，从科技服务于生产发展的角度来说，两者只是科技服务于生产发展的不同阶段而已。科学研究注重于基础理论研究，为解决科学技术中的一系列实际问题提供理论依据。科学研究的主要任务是发现和认识客观事物的属性以及它们之间的相互作用关系，揭示存在的各种规律和趋势，探索新的原理、新的规律以及开拓新的领域等，得到的是认识世界的新知识。而技术开发注重于应用技术研究，将理论研究的成果应用到人们的生产生活中，达到实用的效果。技术开发的主要任务是探究基础理论研究的结果在实际应用中的可能性，并在过程中形成新工艺、新产品和新品种等。

二、科技研发的交付物

科技成果的定义在第一章中已经专门讨论过，是指通过科学研究与技术开发所产生的具有实用价值的成果。如果问一个问题："科技研发到底是为了得到什么?"很多人的回答是论文、专利或者植物新品种等。这样的回答并未指出科技成果的本质。要想说清楚这个问题，我们引入交付物这个概念。

科技成果的交付物是指科技研发所取得的可以测量的、有形的、可证实的结果或者可见的效果，或者一件为完成整个项目所必须产出的制品，分为主交付物和副交付物。主交付物是指科技研究所交付的核心内容，常见类型包括硬件、软件、工艺和方法等；副交付物是指支撑核心内容的载体，包括标准、专利、论文、著作、报告、培训、试验、图纸、文件和合同等类型。

科技研发所产生的最直接、最核心的成果是主交付物。硬件类主交付物是指新型生产设备、操作工具等有形的成果；软件类主交付物是指运行系统、控制系统等通过计算机程序实现的成果；工艺类主交付物是指合成工艺、加工工艺以及生产工艺等描述实现某个效果流程的成果；方法类主交付物是指计算方法、萃取方法等解决某些科学问题的门路、程序等。科技研发的主要任务就是产出这些主交付物，但是，这些主交付物在应用和传播的过程中，经常会以不同的形式出现，即被不同的副交付物所承载。例如，论文是副交付物，而论文中所描述的内容则是主交付物。论文中描述的可能是一套生产设备、一套软件、一种合成工艺或者某种算法。而这些主交付物同样可以借助专利、图纸、著作等其他副交付物进行传播。不同副交付物有不同的特点，能够从不同的角度提升科技成果的价值。最常见的两种副交付物为论文和专利，两者的特点非常明显。下面针对这两种副交付物进行对比分析。

科学研究所产生的认识世界的新知识距离实际应用较远，完成人直接获取经济利益的可能性低，经常以论文的形式进行传播。论文对于主交付物最本质的作用是对外传播，以便于同行之间进行学术交流，从而指导更深入的科学研究。论文作者对成果的公开是不求直接经济利益回报的，有时甚至要交版面费。论文发表后，作者可以提高学术声誉。由于论文主要承载的是基础理论研究且没有经济利益相关的权利，因而政府为了鼓励开展基础研究，会针对论文的发表制定相关的鼓励政策。

技术开发所产生的改造世界的新技术距离实际应用较近，完成人直接获取经济利益的可能性大大增加，因而经常以专利的形式进行保护和传播。专利对主交付物最本质的作用是公开并保护。专利制度设计的初衷是以权利换公开，因而专利就是为利益而生的。专利的保护强度和保护范围应该是专利申请时关注的重点，同样获得授权的专利，可能会因为这两点的不同而导致经济利益产生较大差距。

从上文的分析可知，科技研发的成果就是主交付物，是以不同形式展示的知识或技术。而副交付物只是一种主交付物传播的载体。副交付物在一定程度上可以支撑或者说明主交付物的水平或者发展程度，但两者不能等同，如果将主交付物和副交付物混淆，将无法客观理解科技成果的本质。

三、"唯论文"现象分析

"唯论文"现象产生的原因是主交付物与副交付物的混淆。虽然论文的质量和所承载主交付物的水平有密切的关联，但是两者却不是同一回事。一旦只关注论文的水平而不管其所承载交付物水平，就会产生"唯论文"现象。

下面以 SCI 收录论文为例分析"唯论文"现象。SCI 的全称是 Science Citation Index，中文是科学引文索引，是科睿唯安公司（原汤森路透知识产权与科技事业部）开发的一个大型多学科综合性文摘检索系统。在 SCI 上发表论文，可以在一定程度上很好地反映科学研究的进展和水平。为此，我国在 20 世纪 80 年代就引入了 SCI 来评价科研人员的工作。最初起到了很好的交流、引导和促进科技发展的作用。但随着时间的推移，各种科技评价体系对 SCI 的重视程度越来越高，高到了科研就是 SCI，SCI 就代表科研的程度，忽视了论文所承载的主交付物。绝大部分高校和研究机构都在追求 SCI 收录论文的数量以及 SCI 相关指标的提升，将科研项目、科研场所和物质奖励与 SCI 论文直接挂钩，用 SCI 论文这个副交付物来直接替代科研成果这个主交付物。导致众多的科研工作者只关心如何发表 SCI 论文，而不去真正地开展科研工作。

发表论文原本是为了更好地将这些新的知识、新的技术、新的应用与同行交流和讨论，可以让更多的同行了解到这些新内容的研究进展，减少不必要的重复性研究工作，同时在全世界范围内延续相关的工作，推动相关研究的进展。SCI 自身是一个很好的载体，可以让科研工作很好地交流和推进，但异化了以后，论文被过度使用，大部分被作为前置条件，即使是应用研究也是如此；对论文的数量有过多追求，有时可以替代论文质量；主要根据期刊层次判断论文水平，忽视对论文内容的评价。“唯论文”“SCI 至上”现象严重阻碍了中国科技的发展。

2020 年 2 月 17 日，科技部印发《关于破除科技评价中“唯论文”不良导向的若干措施（试行）》的通知，明确提出对于基础研究类科技活动，注重评价新发现、新观点、新原理、新机制等标志性成果的质量、贡献和影响。对论文评价实行代表作制度。2020 年 2 月 18 日，教育部、科技部印发《关于规范高等学校 SCI 论文相关指标使用树立正确评价导向的若干意见》的通知，进一步明确指出，要准确理解 SCI 论文及相关指标，评价重点是论文的创新水平和科学价值，不把 SCI 论文相关指标作为直接判断依据；不把 SCI 论文相关指标作为科研人员、学科和大学评价的标签。

论文的本质是传播科技研究的成果以便于学术交流，从而指导更深入的科学研究。论文只是交流的方式，论文中介绍的成果才是交流的重点。我们可以看出这两个文件的出台就是为了扭转这种异化的程度，纠正副交付物代替主交付物的错误导向，还原科研的本来面目，回归科技研发工作的初心。

第二节　技术开发过程

技术开发主要是指为解决某个实际问题，在相关理论研究的基础上开展相关应用研究，从而得到应用类技术的过程。能够解决实际问题的技术是技术转移的主要转移对象。深入了解技术开发过程有助于技术转移各要素更加准确地了解技术的成熟度，预测技术的转化风险、转化周期以及预期投入等。

技术开发的过程主要包括技术研发立项、实验室研发、小试、中试以及试生产等环节。

一、技术研发立项

技术研发立项是技术研发的起点，相当于技术成熟度中的报告级。根据来源不同，可以分成上级委派立项、企业委托立项和自主立项。一般而言，上级委派立项和企业委托立项都有明确的研究内容和要完成的技术指标，项目任务书中会明确要求在一定的研究时间范围内完成具体指标和交付的形式和数量，中间很少发生性能、指标和内容的变化。自主立项则多根据现实的需求和技术研发团队设定研究目标，并在实施过程中不断修正。但无论是上级委派立项、企业委托立项还是自主立项都需要进行详细的调研，为研发工作的开展提供依据。这些调研工作同时也为后期的产品市场化提供指导，可以说调研是技术研发的根本，没有进行充分的调研，技术研发就是盲目的。技术研发调研包括市场调研和文献调研。

技术研发市场调研主要是指该项目研发的技术在消费者、货架销售、运输等各个环节中的市场行为方式，并对相关数据进行分析。市场调研对象主要包括终端消费者、常规货架销售场所、运输工具和方式、销售模式等。一般通过问卷（纸质和网络）、座谈、访谈、产品展会、计算机模拟等方式开展市场调研活动。

市场调研的目的是通过了解技术特征、产品形态、市场规模以及相关政策法规等，从而确定销售对象，并根据销售对象的需要制订出所要研发技术的基本特征，初步确定技术指标。技术特征主要是了解市场对该技术产品需求的技术指标，从技术产品的使用要求、使用场景、使用方式、使用范围等不同角度确定技术指标范围，分析客户群体对应的技术指标特征要求。产品形态主要是了解同类技术产品从出厂到终端消费者的全部环节，从终端消费者、运输、销售等环节分析产品外形、包装、支撑附件及货架匹配等相关信息。市场规模主要是通过监测一定范围内的销售数量，了解该技术产品在市场上所面对的销售群体，结合该类群体在社会中的发展变化，分析该类产品在市场上的增长态势、成长空间和可能实现的销售范围。相关政策法规主要是了解该类产品涉及的国家各项法规政策，如原料、生产、产品形态、检测、包装等相关的规章制度。

文献调研是指根据所要研发的产品的技术指标查阅相关的文献情报资料，汇总分析相关技术的研究情况。文献情报资料包括论文、专利、图书、杂志、报纸、研究报告等相关的信息源。通过文献调研了解研发技术的国内外工作进展，了解目前已经达到的技术指标，该技术相关研发使用的技术原理、实验方案、工艺路线。通过文献了解比较各种方法的技术特征，为开展技术研发的设计方案提供思路。

为了更好地开展技术研发，除了市场调研和文献调研，还应该开展竞争对手厂家调研、相关技术的研发机构调研。一些技术信息可能未在市场和文献中体现出来，可以通过竞争对手的企业规划、产品测试、用户、网站等获取信息，对高校和科研院所的调研可以更好地了解现有相关技术的最新进展和发展状况，这个调研过程不一定直接针对研发技术本身，可以扩展到相关的领域，在一个大的范围内调研。相关领域的专家对最前沿的技术进展程度以及发展趋势都有很好的认知和了解，通过座谈、技术合作等方式，可以很好地把握要研发的技术脉络，便于更好地开展设计工作。

立项报告是根据市场、文献等方面的调研情况，对技术的必要性、可行性及研发内容、研发技术指标、支撑条件等内容进行说明的文档。立项报告中涉及的具体内容一般包括以下几部分：

1. 立项的背景和意义

通过前期的市场调研数据，分析技术研发的社会需求、使用规模、销售群体；通过市场定位，分析国内外技术发展现状与趋势、已有的产品技术发展程度，尤其是已有技术的专利等知识产权的信息，这对于技术的后期实施具有重大意义。同时，还要说明本领域内外相关的技术标准情况等。对于国内外的研究进展进行综述总结，通过了解发展状况和趋势对要研发的产品进行技术定位，说明技术研发成功后的技术、应用、价格等方面的优势，以及实施后对社会、领域、行业、企业产生的重大经济、社会效益。在对国内外文献分析论述的基础上，明确研发方向、研发思路，概括可以开展的工作。

2. 技术研发的目标

该部分主要列出明确的技术研发指标。根据技术研发的对象，列出技术产品要达到的技术性能指标，技术的展现形态、推广的范围、与技术配套的人才培养、场所建设等。一般而言，技术研发的目标都要具体化，明确列出要研发产出的软硬件的类型和数量，便于管理和监督技术研发的进程、具体实施及有效达到研发价值。

3. 研究内容

根据研究目标列出要研发的内容，研发的内容应围绕着技术目标展开，具体细化完成研究目标要做的工作内容，详细地列出每一部分要研发的事项，可以列出几大部分具体内容，再细化成若干组成内容，与研究目标形成直接对应的支撑关系。通过对研究内容的规范，可以有效地开展工作，完成研究目标。

4. 技术方案和路线

技术方案是针对技术研发面临的每一个技术问题，说明要使用的技术手段、实验方法、应对措施，通过什么样的实施方式解决各类技术问题。技术方案表明技术研发的研发思路。技术路线指的是完成技术研发采取的途径过程，技术路线要体现出研发步骤的内在联系和先后顺序，通常可以通过流程图或者示意图的方式加以说明。

5. **技术关键点、创新点**

技术关键点是指在技术研发出现的技术问题中具有关键作用的部分。技术关键点可能是技术研究的创新点，也可能不是整体技术研究的创新点，但这类技术问题关乎整个技术研发的实施，是整个技术研发过程的“卡脖子”技术要点，关乎技术能否实施。技术创新点是指研发项目中创造出来的同类技术没有的技术新特点，可以是采用了新工艺，也可以是得到了新产品或者实现了新功能，即可以是过程创新，也可以是结果创新。

6. **资金和人员安排**

在项目技术研发中都会列出项目实施的年度计划和阶段性目标，并根据目标列出需要的资金和人员的需求支撑。资金安排中会列有经费概算与资金来源方式，其中，经费概算在一些项目中会要求有详细的预算说明书；资金来源方式包括总的资金需求，以及其中各种不同来源的组成，比如来自科技部的基金支持费用、省科技厅的基金支持费用以及企业自筹经费等，每种经费使用安排也会有特定要求和规范。人员安排是根据项目实施需要进行人员安排和分配任务，一些课题中还根据需要与其他单位联合开发，需要附加合作协议，建立联合合作机制，包括经费的使用分配和任务分工。

7. **市场应用分析**

要对技术研发成果的经济和社会效益进行分析，阐述其成果的推广应用和产业化前景，同时也要说明项目实施的可能风险。

二、实验室研发

项目立项之后，就进入实验室研发阶段。在实验室研发阶段，要结合相关的基础理论，模拟所要解决实际问题的环境开展相关研究，并得到实验室环境中的样品或样机。从成熟度的角度来说，以解决某个实际问题为导向的实验室研发阶段，属于4~6级（具体的成熟度等级定义将在第九章中详细介绍）。为了更好地实施研发过程，在开展研发之前可以将研发内容建立工作分解结构（Work Breakdown Sturcture，WBS），从而形成一个有效的框架，便于科研全流程的管理，避免遗漏。

在这一阶段，研发人员将根据研究目标和研究内容开展工作。根据技术研发的任务和特点可以采用不同的研发流程。在具体实施过程中，可以采用多种流程完成相关任务。这里以软件类研发为例，列举几种典型的研发流程：瀑布型流程、敏捷型流程和精益型流程。这些研发流程不仅适用于软件类开发，也对其他技术的研发具有共性的指导意义。

1. 瀑布研发流程

这一流程是指经过前期大量的调研和方案的设计，确定好项目的目标和任务，而且在整个研发过程中，这些目标和任务是不变的。然后将整个研发过程分成不同的阶段，每个阶段都有明确的任务子目标和界限。每个阶段的任务完成后，交付各种主交付物和副交付物进行验收，通过后再进入下一阶段的研发。当把每个环节完成之后，一个完整的研发流程就结束了。在软件设计中相当于完成一个版本，如果进行新的版本迭代，就需要重复前面的流程，其工作流程和上一轮基本相同，实现版本的迭代改进。

2. 敏捷研发流程

这一流程在初期的调研过程中，确定好研发任务和目标，就是把一个大项目分为多个相互联系但也可独立运行的小项目，对每个独立的小项目都会执行一遍从概念设计、原型设计、界面设计、开发实施、测试使用这些完整的环节，在此过程中软件一直处于可使用状态。在敏捷研发流程中，研发设计不是一成不变，而是随时在变，这种变动是贯穿始终的，一直持续到最后一个子项目完成。每一个子项目都要到实际场景中测试，不断找到不足，分析原因，快速迭代修改，再次发布新版本。如此循环，直至达到满意的效果。这一流程模式首先建立一个简单的模式，并在开发运行中适应变化，时刻准备加入市场的新要求、新变化，帮助产品及时进行调整，通过短周期迭代，尽可能早地交付可用的迭代版本。

3. 精益研发流程

这一流程针对研发的项目提出了“最小化可用产品”（Minimum Viable

Product，MVP）的概念。MVP 最早来自 Eric Ries 所写的著名创业书籍《精益创业》，这也是精益创业的核心思想之一。Eric Ries 在书中写道："MVP 是指让团队用最小的代价实现一个产品，以此最大程度上了解和验证对用户问题的解决程度。"对于一个研发项目，找到它的核心功能，通过团队研发，早期提供一个非常小的产品，直接拿到市场检验，确定产品功能是否切实满足需求，如果客户认可了这个产品，就继续完善和增加其他功能。如果用户对于这个最小化可用产品不认可，就调整方向和思路。

三种研发流程的方式各有不同。其中，瀑布研发流程的整个过程中，其研发的内容和目标指标是固定不变的，将任务分解之后，按部就班地完成每一个确定的任务，最后集合成一个产品，好处是简单快速地完成一个项目任务，坏处是无法适应市场环境的变化。敏捷研发流程是分成子任务项目，不断根据市场要求改进，协同完成项目研发。精益研发流程则将产品研发浓缩成一个最小核心功能产品，在市场验证中不断完善改进。可见后两种研发流程更适合于真正的市场研发，随时引入市场需求变化，在市场需求变化中不断改进，完成产品迭代。在实际研发过程中也可以将敏捷研发流程和精益研发流程叠加使用，共同高效地完成产品实施。

三、小试

这一阶段的任务是借助小试设备通过很小批量的生产，全面检验、改进和完善实验室研发的成果。以化工产品的研发为例，完成实验室阶段的研发后，进入小试阶段。通过多次小试实验积累数据、开发和优化方法，比如配料比、温度、反应时间、搅拌方式、后处理方法和精制条件等。解决影响工业生产的关键性问题，为中试生产提供合适的生产路线。通过小试探寻最佳的合成路线，提高产率或者合格率，简化操作和降低成本等。小试研究具体要完成以下几项任务：

1. 生产工艺完善

确定产品生产的各步反应的工艺过程及工艺参数，包括加料方式、搅拌方式、反应时间、反应温度、压力、终点控制、提取等，要做到小试收率稳定，产品质量可靠。

2. 后处理方法和精制条件

确定小试生产的成品精制、分离、干燥的方法及要求，确定通过小试的3~5批稳定性试验验证产品生产工艺和后处理方法工艺的可行性和稳定性。

3. 仪器设备要求

通过破坏性试验确定生产设备材质的耐腐蚀性、耐压等试验条件，确定生产设备、物料的物化特性。

4. 质量标准

建立原料、中间体和产品的质量控制方法和质量标准，为中试提供依据。

5. 物料衡算和物料控制

确定化工生产过程中物料比例和物料转变的相互定量关系，核算生产过程的经济效益，确定主副产品的产率，确定原材料消耗定额，确定生产过程的损耗量，包括污染物排放量，便于技术人员对工艺过程、设备容量、尺寸及数量进行分析和设计。同时，在小试过程中要用化工原料和工业级溶剂代替实验室研发中常用试剂规格的原料和溶剂，确定工业级原料和溶剂对反应及制备产品的产率和质量是否有影响。通过小试研究找出用工业级原料生产的最佳反应条件和处理方法，达到价廉、优质和高产的目的。

6. 安全生产和环境卫生

在小试过程中研究尽量去掉有毒物质和有害气体参加的合成反应；尽量采用低毒或者无毒的试剂或溶剂，避免采用易燃、易爆的危险物品，无法避免的，要找到相应的防护措施。对于不可避免地产生的废气、废渣和废物，要有初步的处理方法，实现安全生产和保护环境。

四、中试

中试是中间性试验的简称，是科技成果向实际生产力转化的必要环节，成果产业化的成败与中试的成败密切相关。科技成果经过中试再进行产业化的话，成功率较高；而未经过中试的科技成果，直接进行产业化的成功率则非常低。要实现科技成果转化为现实生产力，需要建立旨在进行中试的专业试验基地，通过必要的资金、装备条件与技术支持，对科技成果进行成熟化处理和工业化考验。

中试的过程就是采用工业化手段、接近工业化的装备完成小试试验的全流程，验证、复审和完善实验室工艺所研究确定的合成工艺路线，是否基本达到小试的技术、经济、安全、环保等各项指标。中试批量一般不小于工业化生产批量的1/10。通过中试要达到以下目的：

①制订出整个合成路线的工艺流程，各个单元操作的工艺规程，包括每个单元反应与单元操作的岗位操作方法及过程控制细则、产品的流程图、物料衡算及产品的原材料单耗，为正式生产提供数据和最佳物料量。

②要在现有的设计生产设备上生产出达到预期质量标准要求的产品，并且有很好的重现性和可靠性。以此为基础，研究工业化可行工艺、设备选型，为工业化设计提供依据。

③提出“三废”的处理方案和措施，达到环保部门规定的要求。

④安全、防火、防爆等措施达到公安、消防部门规定的要求。

⑤劳动安全防护措施达到卫生职业病防治部门的要求。

五、试生产

通过中试逐步放大生产后，进入产品的试生产阶段，在这一阶段进一步在工业化生产实际使用的设备上进行工艺确认，发现问题并解决。通过试生产确定如下几个问题：

①设备的选择是否合理、工艺管路是否需要改造，包括车间、设备、材质是否符合要求，物料加料、运输是否有效控制，各种反应条件是否满足要求等。

②各种安全措施及要求是否到位，包括每个工艺工程的操作规程、安全规程，若出现反应异常，如温度、pH 值等发生异常如何处理，出现停电、停气、停水等突发情况如何处理等。

③预计可能出现的安全问题、环保问题等。

经过试生产成功检验的工艺或设备就可以正式应用于实际的工业化生产了。

第三节 科技论文基本知识

科技论文在科技研发过程中具有重要的价值和意义，无论是前期的技术和市场调研，还是研发过程中涉及的工艺流程、合成方法、物料衡算、实验方法和检测方式等，都可以从科技论文中找到可以参考的内容。了解科技论文的分类及相关指标不仅对于科研人员是必要的，而且对技术经理人来说也是必要的。技术经理人可以通过论文了解相关科研人员的基本研究方向，同时也是与科研人员沟通交流所必备的基础知识。要深入理解“唯论文”的原因、危害以及解决这个问题的方向，也要首先深入理解论文的基本知识。

科技论文经常按照被收录的不同数据库进行分类，从国际范围来说，最常用的数据库有SCI和EI，这也是国际上较为通用的进行科学统计与评价的主要检索工具。我国许多优秀的科技期刊也被这两个数据库所收录。而对于中文自然科学类科技期刊，经常分为如下几种类别：一级学报、中国科学引文数据库、中文核心、中文科技核心和一般期刊。下面对这些数据库分别加以介绍。由于是以应用类科技成果转化为导向，在此不对收录社会科学类期刊的数据库进行介绍。

一、SCI

SCI的全称为Science Citation Index，中文翻译为科学引文索引。SCI是科睿唯安公司（原汤森路透知识产权与科技事业部）开发的一个大型多学科综合性文摘检索系统。SCI以期刊为单位收录，选用刊物来源于40多个国家，50多种文字，主要收录自然科学的基础科学论文，论文涉及生物学、数学、物理、化学、医学等多个基础科学研究领域，是一个大型多学科综合性文摘检索系统。SCI 收录的文献能全面覆盖全世界最重要和最有影响力的研究成果。

该数据库可以检索某一领域的相关研究进展，了解研究的信息，是一部涉及范围很广的科技论文信息检索工具书。目前 SCI 收录和引用的情况，已经成为一个科研人员或机构科技论文评价其国际学术地位、基础科学研究水平、科技实力和科技论文质量的一个重要指标之一。除此以外，通过数据库的期刊论文的引文数据统计，计算出某学科内包含的各期刊论文的影响因子、影响指数、被引频次、即时指数等量化指标，可以反映出科技论文被认可的广度和深度，具有了对基础科学研究水平的评价作用。

1. 影响因子

影响因子是指用某期刊前两年发表的论文在当前年中被引用总次数除以该期刊在这两年内发表的论文总数。由定义可知，影响因子是一项比值数据，没有单位，代表了该期刊前两年发表的论文在当前年的平均被引用次数。科睿唯安每年都会发布新的 SCI 收录期刊及其影响因子。需要注意一个新的 SCI 收录期刊第三年才会有影响因子，三年以上 SCI 收录期刊每年都有一个影响因子。SCI 影响因子的数值从零点几到几十都有，甚至个别的期刊会超过一百。每个期刊的影响因子每年都会发生波动，一般变化不大。影响因子常见的书面表达方式是：IF = 5. 2。IF 是影响影子英文 Impact Factor 的缩写。

一种期刊的影响因子越大，表示在该期刊发表的论文平均被引用的次数越多，一方面说明发表在该期刊上的研究成果影响力大，另一方面说明该期刊的学术水平较高。这样期刊和研究成果就形成了双向导流的作用，一个期刊影响因子高，高水平的研究成果就越往这个期刊投稿，提高其影响力，反过来高水平的研究成果在这个期刊上发表得越多，引用率就越高，期刊的影响因子就越高。因此，影响因子是衡量 SCI 收录期刊水平高低的重要指标，而对于能发高影响因子论文的科研人员，说明其对某一领域的研究较为深入。

当然影响因子的高低也和研究的内容是不是当前的热点、相关领域的研发人员多少有关，比如某个期刊涉及的领域从事的人员较少、社会关注度低，那么无论研究成果高低，其引文率都不会太高，导致期刊影响因子不高。比如当前医学类和材料类期刊普遍比农学和园艺类期刊影响因子高，因此，不同学科的影响因子可比性不大，要在同一学科中比较。另外，影响因子代表的是期刊中全部论文的平均引用率，同一个期刊的所有论文的影响因子是一样的，不能反映出同一期刊中不同论文的区别。

某个期刊的影响因子可以通过 Web of Science 网站进行检索，其检索网址是 http://www.isiknowledge.com。该检索系统需要购买登录权限才能登录。影响因子也可以通过一些免费的网站检索到，但是全面性和权威性远不如 Web of Science 网站。

2. 期刊分区

上文提到，不同学科的影响因子差别很大。因而如果要在不同学科之间进行横向比较的话，用影响因子进行评价就会产生较大偏差。为了解决这一问题，期刊分区就诞生了。期刊分区是按照学科进行的，根据影响因子、投稿难度和影响力等指标，对某一个学科被 SCI 收录的所有期刊进行排序，然后确定分区。

期刊分区有两种，一种是汤森路透公司制定的分区，简称汤森路透分区；另一种是中国科学院文献情报中心制定的分区，简称中科院分区。

（1）汤森路透分区

汤森路透公司（Thomson Reuters）每年在《期刊引用报告》（Journal Citation Reports，JCR）中公布所有期刊的分区。它将收录期刊分为 176 个不同学科类别，在每一个学科分类中的所有期刊都按照上一年的影响因子降序排列，然后从高到低平均分为四个区，用 Q1、Q2、Q3 和 Q4 表示，即各学科分类中影响因子位于学科中总刊数前 25%（含 25%）的期刊为 Q1 区，26%~50%（含 50%）为 Q2 区，51%~75%（含 75%）为 Q3 区，76%之后的为 Q4 区。

（2）中科院分区

中国科学院文献情报中心将 JCR 中所有期刊分为数学、物理、化学、生物、地学、天文、工程技术、医学、环境科学、农林科学、社会科学、管理科学和综合性期刊 13 大类。把每个学科的所有期刊按照 3 年平均影响因子由高到低降序排列，依次划分为 4 个区。一区期刊为某一学科平均影响因子排名约为前 5% 的期刊，二区是为 6% ~ 20% 的期刊，三区为 21% ~ 50% 的期刊，四区约为后 50% 的期刊。

由这两种分区的划分比例可以看出，中科院分区在高质量论文的区分方面更精确，因而中科院分区为国内报奖和职称评定中常用的分区。两种分区都可以通过有资质的情报检索查新机构检索并开具证明。

3. 被引次数

影响因子和期刊分区都是以期刊为单位进行评价的，同一个期刊中论文的影响因子和期刊分区肯定都是一样的。而被引次数则是针对单篇论文的一个评价指标。理解以下几个定义就可以掌握被引次数的基本特点了。

被引次数：所发表文章被所有论文引用的次数，每篇文章独立计算。包括被所有期刊论文引用的次数。

自引次数：所发表文章被本人或本课题组成员引用的次数。包括被所有期刊引用的次数。

他引次数：所发表文章被本人或本课题组成员以外的人员引用的次数。包括被所有期刊引用的次数。

以上三个指标是密切相关的，被引次数为自引次数和他引次数之和。将这三个指标的检索范围限定在 SCI 数据库时，就得到下面三个指标。

SCI 被引次数：所发表文章被 SCI 论文引用的次数。

SCI 自引次数：所发表文章被本人或本课题组成员所发表的 SCI 论文引用的次数。

SCI 他引次数：所发表文章被本人或本课题组成员以外人员所发表的 SCI 论文引用的次数。

同样，SCI 被引次数为 SCI 自引次数和 SCI 他引次数之和。这三个指标都可以通过 Web of Science 网站检索到。通过定义可以看出，他引次数的含金量更高一些，因而在实际评价中，经常用的指标是他引次数或 SCI 他引次数。

4. Top 期刊

Top 期刊是在分区的基础上遴选出来的各领域中的优秀期刊。其遴选方式如下：所有的一区期刊都是 Top 期刊，二区中 2 年总被引频次指标位于前 10% 的期刊也是 Top 期刊，不在此范围内的但被领域内的专家评议为高学术影响力期刊也是 Top 期刊。在中科院分区数据库中每个期刊会被标明是否是 Top 期刊。

5. H 因子（H-index）

H 因子又称 H 指数，是指某一科研工作者最多有 *h* 篇论文被 SCI 论文引用了不少于 *h* 次。在这个因子中既包含了论文的数量也包含了被引频次，能够综合体现科研人员发表论文的整体水平。因此，H 因子在美国物理学家 Hirsch 于 2005 年提出后，很快成为一种评价科学家个人学术成就的常用指标。

6. ESI

ESI 是 Essential Science Indicators 的缩写，中文翻译为基本科学指标数据库。ESI 是由美国科技信息研究所于 2001 年推出的，用于衡量科学研究绩效、跟踪科学发展趋势的基本分析评价工具。ESI 是通过 Web of Science（SCI/SSCI）所收录的核心合集数据库的深度分析工具。通过 ESI 可以确定 22 个学科领域中最有影响力的国家、机构、论文和出版物，以及研究前沿。ESI 已成为当今世界范围内普遍用以评价高校、学术机构、国家/地区国际学术水平及影响力的重要评价指标工具之一。ESI 数据库每两个月滚动最近 10~11 年的数据（一年更新 6 次）。ESI 中常见的指标有如下几个：

ESI 高被引论文：在某学科，ESI 收录时间范围内，某篇论文被引频次位于该学科所有论文的前 1%，则称该篇论文是高被引论文。

热点论文：2 年内发表的论文且在近两个月内被引次数在相应学科领域全球前 1‰以内。

前 1%的学科：如果在某学科，一所机构的被引频次位于全球所有机构的前 1%，则称该机构的某学科为全球前 1%学科。同样，可以定义出前 1%的作者、机构。

二、EI（The Engineering Index）

EI 是 The Engineering Index 的缩写，中文翻译为工程索引，是由美国工程师学会联合会于 1884 年创办的供查阅工程技术领域文献的综合性情报检索数据库刊物。EI 是历史上最悠久的一部针对工程科学相关类期刊、会议论文和技术报告的大型综合性检索数据库，是全球的学术界、工程界、信息界共同认可的重要检索工具。

数据库每年新增 500000 条工程类文献，数据来自 5100 种工程类期刊、会议论文和技术报告，文献数据来自 40 余个国家，涉及的语言多达 39 种。每期附有主题索引与作者索引；每年还另外出版年卷本和年度索引，年度索引还增加了作者单位索引。一个期刊是否被 EI 收录可以通过 http：//www. engineeringvillage. com 进行检索。该网站也是需要付费才能进行检索的数据库。EI 收录证明可以在专业的检索机构开具。

EI 数据库中常用的指标不像 SCI 数据库那么多。EI 论文主要分为期刊论文（Journal Article，JA）和会议论文（Conference Article，CA）两种类型。一般来说，EI 期刊论文的含金量高一些，而大部分会议论文的水平相对较低。

三、中文期刊常见分类

中文期刊的分类除中国科学引文数据库外，大部分只是一个分类列表，而不是像 SCI 和 EI 那样的文摘数据库。

1. 一级学报

一级学报是由我国一级学会主办的每个领域最顶尖的、公认权威的国内杂志。一般每个领域有几本杂志，总共 200 个左右，大部分被 SCI 或 EI 收录。一级学报不是一个数据库，是一个论文水平的分类，有一个列表，可以通过百度查询。一级学报虽然有定义，但并没有全国统一的列表，各单位可以自己制定本单位认可的一级学报列表。

2. 中国科学引文数据库

中国科学引文数据库（Chinese Science Citation Database，CSCD）是一个由中国科学院文献情报中心于 1989 年创立的科学引文数据库。在 2017—2018 版本中，中国科学引文数据库遴选了 1229 种期刊，其中中国出版的英文期刊 201 种，中文期刊 1028 种。该数据库能够提供著者、关键词、机构、文献名称等检索点。检索地址是 http://sciencechina.cn/cscd_source.jsp。

3. 中文核心期刊

中文核心期刊是根据期刊影响因子等诸多因素所划分的期刊列表，是由北京大学图书馆联合众多学术界权威专家鉴定，并以图书形式出版，目前已经出版了八版。该中文核心也经常被称为北大中文核心，收录的期刊既包括自然科学类，也包括社会科学类。

提起中文核心，不得不提南京大学建立的中文社会科学引文索引数据库（Chinese Social Sciences Citation Index，CSSCI）。CSSCI 经常被大家称为南大中文核心。CSSCI 主要收录中文人文社会科学学术性期刊。

在科技成果转化过程中，提到中文核心期刊时，一般是指北大中文核心期刊。

4. 中国科技核心期刊

中国科学技术信息研究所出版的《中国科技论文统计源期刊》，又称“中国科技核心期刊”。其学科范畴主要为自然科学领域，其收录期刊的数量比北大中文核心更多，也是目前国内比较公认的科技统计源期刊目录。

第七章　创业者：实施功能

第一节　创业者的类别

在科技成果转化过程中，创业者是很重要的一类核心方，他们所具备的实施功能对于科技成果能否服务于现实生产力的提升具有至关重要的作用，在转化后期甚至具有引领作用。本章我们一起来详细认识一下具有实施功能的创业者。

在科技成果转化过程中，创业者往往被当作一类角色对待，但是在实操中却发现不同的创业者所发挥的作用还是有所区别的。准确地定位每个角色所具备的功能，是发挥好其功能的前提。

根据第一章第四节中我们对常见核心方的细分，可以将创业者分为 B 类、D 类、E 类和 G 类这四种类型，这四类创业者在现实中经常被冠以不同的称谓。称谓是什么不重要，重要的是我们要清楚这些现实中的对象背后所隐含的功能。这对于促进科技成果转化是非常有意义的。不同类型的创业者各自所具备的核心功能及现实中常见称谓如表 7-1 所示。

表 7-1　不同类型创业者所具备的核心功能

创业者类别代号	所具备功能	现实中常见称谓
B	仅实施	创客、职业经理人、创业者
D	研发+实施	科技创业者、技术副总

续表

创业者类别代号	所具备功能	现实中常见称谓
E	实施+投资	传统企业老板、创业者
G	研发+实施+投资	创业者、大老板、企业家

这些对象共同的特点都是具备实施功能，由此可见，创业者在科技成果转化过程中最显著的特点就是具有实施功能，但不一定是仅有实施功能。本章所讨论的创业者就是指科技成果转化过程中以具备实施功能为核心特征的一类对象。创业者和企业家等称呼在现实中是近义词，创业者更侧重于对初期创业人员的称呼，而企业家则侧重于对较为成熟企业中创业人员的称呼。由于本书侧重于对科技成果转化初级阶段——三个核心功能融合阶段的探讨，因而，我们将在科技成果转化过程中对核心功能融合实施的对象统称为创业者。

张维迎等在《企业家：经济增长的国王》一书中，曾将企业家分为三类。在此，我们从科技成果转化的角度来看一下这三类企业家。

第一类企业家能够看到消费者自己都不明白的需求，这是创造需求的企业家。他们不仅创造颠覆性产品，同时也创造相应的产业。例如，苹果公司的乔布斯、特斯拉公司的马斯克，都是这样的企业家。他们的特点是对人性有着极为深刻的理解，能够发现人类潜在的需求。确定方向的同时，他们能够深度参与到产品研发中去，通过对未来的把握引导研发的方向。同时，他们有着惊人的执行力和资源整合能力，能够将颠覆性产品推广形成新的市场。这类企业家能够引领社会的进步，在现实中极少。从类型上来说，至少应属于 D 类企业家。

第二类企业家满足现在市场上已经表现出来的需求。他们具有敏锐的意识，能够通过各种方法快速发现市场需求，并且具备整合各种资源满足市场需求从而获利的能力。例如，当新冠肺炎疫情来临后，他们发现了口罩、呼吸机和防护服等防疫物资的需求，然后生产这些物资以满足需求。再比如，国家鼓励人工智能的发展，形成了这方面的需求，有些企业家就开展这方面的技术研发以迎合需求。这种类型的企业家有些是不需要依靠高新技术的，例如一般医用口罩的生产，但有些是需要依靠高新技术的，例如人工智能产业的发展。随着科技不断快速发展和市场需求的不断提高，仅靠传统技术就能够实现持续发展的企业会越来越少，借助高新技术满足市场需求的企业会越来越多。在现实中，这类企业家较多，一般为E类企业家。

第三类企业家按订单生产，技术规格都是别人规定的，只要能保质保量生产出来即可。这类企业家的工作重点在于生产管理。他们一般掌握某种类型产品的通用生产技术，只负责生产，不负责销售。因而，他们只需要满足订单的要求，而不需要考虑消费者的需求。这类企业大部分技术含量相对较低，属于劳动力密集型。例如耐克鞋的代加工厂。但也有一部分属于高新技术领域的，例如台积电代工手机芯片就属于高新技术领域。台积电在芯片加工方面具有较为先进的加工工艺，成为华为麒麟和苹果等手机芯片的代工厂商。现实中，这类企业家也非常多，一般为B类或E类企业家，偶尔也有D类的。

第二节　创业者的功能

在科技成果转化过程中，创业者所具备的实施功能以其独特的贡献，确立了其不可或缺的核心地位，这一点在前面章节中已做出论述。但在科技成果转化过程中，创业者所具备的实施功能相对于其他核心功能的独特职能究竟是什么呢？这是一个值得探讨的问题。

一、发现机会

科技成果的产生有些始于需求，而有些则始于科学本身。无论哪种科技成果，要实现转化为现实生产力的目标，都需要创业者发现市场机会。可以说，发现机会是创业者将技术转化为现实生产力的始发点。不论在哪个时代，市场中总是存在着各种供需不平衡，而这种不平衡则是机会。创业者的一个重要职能就是识别出市场中潜在的，未被别人发现的机会，并且充分利用这一机会盈利。

苹果公司最初是由乔布斯和沃兹尼亚克共同创立的，在苹果公司诞生前，他们就是好朋友。沃兹尼亚克是计算机技术方面的天才。当时，他和乔布斯都是家酿计算机俱乐部（The Homebrew Computer Club）的会员。当他研发出个人计算机 Apple Ⅰ的雏形时，他感觉异常兴奋。他研制 Apple Ⅰ的动力就是在俱乐部中与别人免费分享技术，感受技术进步本身带来的快乐。但是，当乔布斯看到 Apple Ⅰ，并且和沃兹尼亚克参加俱乐部的会议，感受到俱乐部中 100 多个计算机狂热爱好者对 Apple Ⅰ的反应后，则有了与沃兹尼亚克不同的看法。乔布斯认为，当时大家需要 Apple Ⅰ这样的个人电脑，而且绝大部分人没有时间和技术去自己搭建一台像 Apple Ⅰ类似的个人电脑。机会出现了！在乔布斯的坚持下，两人正式成立了苹果公司，沃兹尼亚克的这项技术实现了转化。沃兹尼亚克经常说："每次我设计出一样很棒的东西，史蒂夫（史蒂夫·乔布斯）就会找到办法来赚钱。"这个例子很好地展现了乔布斯作为创业者在发现机会方面的职能，而这个职能与沃兹尼亚克所具备的技术研发功能是截然不同的。

从科技成果转化的角度来说，创业者发现机会时，应搞清楚当前市场的需求是什么，满足这个需求需要哪些核心技术，这些技术在当前或不远的将来是否可得等一系列问题。当发现技术与需求能够实现匹配后，一个科技创业的机会就出现了。

二、整合要素

创业者发现机会的目的是利用机会。为此，创业者需要整合一切可利用的要素，满足市场的需求。常见的生产要素有资本、技术、劳动力、资源等。生产要素是进行生产的前提条件，没有生产要素的存在，生产是无法进行的。但是生产要素不会自动转化为生产力，需要将它们按一定的结构组织起来。其中，劳动力和资源属于最基础、相对共性的要素，就我国当前的大环境而言，从获取的角度来说基本不存在问题，创业者的职能就是对这些要素进行组织管理以利于生产。资本和技术这两种生产要素则属于相对稀缺的要素。因而，创业者的着力点是将资本和技术整合在一起，使之融合为一个整体。

接着上一部分提到的苹果公司的例子说。在苹果公司成立时，乔布斯和沃兹尼亚克都是“穷小子”，没有实施技术的资金。他们收到的第一笔订单是保罗·特雷尔订购的价值25000美元的50台电脑。为了完成这个订单，他们需要的最低成本为15000美元，这对当时的他们来说不是一个小数目。但是，乔布斯资源整合的能力在此刻发挥了作用。他从朋友处总共只借到了5000美元，然后又想从银行借钱，但是被直接拒绝了。他又去了哈尔泰克商店，提出拿苹果公司的股权换取一些计算机零部件，但老板认为他们只是“两个年轻的邋遢小子”，也被拒绝了。功夫不负有心人，乔布斯通过不懈的努力，最终利用保罗·特雷尔给出的订单作为保证，从克拉默公司将组装计算机所需的零件预支出来，账期30天。

资金和技术这两个最难的要素落实好后，其他要素的整合也是对一个创业者整合能力的考验。乔布斯将自己位于洛斯阿尔托斯的房子作为这批电脑的组装车间。同时，他把所有可用的劳动力都整合进这次任务中，包括乔布斯本人、沃兹尼亚克、乔布斯在里德学院时最好的朋友丹尼尔·科特基、乔布斯的前女友伊丽莎白·霍姆斯以及乔布斯的妹妹帕蒂。乔布斯根据每个人的特点安排合适的工作，当然，最重要的工作是他协助沃兹尼亚克对计算机主板的焊接与测试。最终，这个团队如期完成订单，实现盈利。

乔布斯在这个过程中将技术、亲戚朋友的资金、银行资本、零部件供货商的资本、买方订单、自己的房子、亲戚朋友等要素充分整合到一起，将机会转变为实际利润。

三、引领创新

创新是企业长久发展的根本动力，引领创新是创业者的重要职责之一。美国著名经济学家约瑟夫·熊彼特在《经济发展理论》一书中将企业的发展定义为执行新的组合。这个概念包括下列五种情况：

①采用一种新的产品。也就是消费者还不熟悉的产品，或者一种具有新特性的产品。

②采用一种新的生产方法。也可以理解为一种新的生产工艺。

③开辟一个新的市场。也就是其他企业不曾进入的市场，不管这个市场以前是否存在过。

④掠取或控制原材料或半制成品的一种新的供应来源。无论这种来源是已经存在的，还是第一次创造出来的。

⑤实现任何一种工业的新的组织。比如造成一种垄断地位，或打破一种垄断地位。

熊彼特把职能是实现以上这些新组合的人们称为企业家，由此可见，引领创新对于创业者的重要性。

第①类和第②类新组合被称为技术创新，这些新产品或新技术的研发工作主要由研发人员完成，但是在一个企业中实际推广某款产品或采用某项工艺却是由企业家或者创业者所引领的。研发人员的职能是揭示出物质世界的客观规律以及研究其在实践中应用的可行性，而创业者的创新则在于结合发现的机会，将合适的新工艺或新产品引入实际的生产。创业者的真正贡献在于他们能够认识新工艺或新产品的价值，并有胆识有能力将这种发明投入生产。

第③类和第④类新组合被称为市场创新。创业者需要不断发现或建立新的销售市场和材料供应来源。第⑤类新组合又被称为管理创新。这类创新包括商业模式创新、管理组织创新和管理方法创新。

张维迎等认为，对于一位成功的创业者而言，技术创新、管理创新和市场创新都是不可或缺的，其中任何一个方面的创新都可能成为另一个方面创新的诱发因素。但这三类创新在不同企业和企业发展的不同阶段其相对重要性是不同的。一般来说，随着企业规模由小到大，创新的重点就由技术创新转向管理创新（大企业是“三分技术七分管理”）。随着产业的成熟（市场饱和），市场创新就更显重要。

第三节　创业者的素质

创业是艰难的，大多数创业公司都是以失败告终，而高新技术创业则更是“九死一生”的事情。对于初次创业的人来说，创业似乎令人畏惧，但是对于在创业实践中摸爬滚打、不断完善自我的创业者来说，创业是痛并快乐着的。创业者要完成前文所说的各项职能，必须具有特定的素质和能力，还要结合好的产品或服务、启动资金以及合适的团队等才有机会获得成功。尽管创业者形形色色、各有所长，但他们具备一些共同的素质以及实现创业梦想的基本能力。

一、创业精神

创业是一项艰苦、复杂的系统工程，这就要求创业者具备一些较常人更高的素质。创业精神既是创业的动力源泉，也是创业的精神支柱，更是成功创业的前提。一般来说，没有创业精神就不会有创业行动，也就无从谈起创业。即便有创业，也往往是浅尝辄止，半途而废，因为创业的道路不会是一帆风顺的，总是充满困难和荆棘，需要强大的创业精神支撑。因此，顽强的创业精神对于成功创业至关重要。作为成功的创业者，需要具备强烈的自我实现欲、理性的冒险精神、敢于创新的精神，以及永不满足的精神。

1. 强烈的自我实现欲

马斯洛需求层次理论认为人的需求分为五个层次，第一层是“生存”，即满足最基本的生活条件；第二层是“安全”，包括社会治安、家庭安全、医疗保健、社会福利等；第三层是“社会尊重”，包括社会地位、面子，其他人对你的看法等；第四层是“自尊”，即自信、自爱、自强，此时人们重新开始认识自己，并努力改变自己、完善自己；第五层是最高层次的

“自我实现”，即从认识自己升华到实现自己的人生价值，使自己能够融合到社会中成为对社会有贡献的一分子。日本著名经济学家清成忠男曾对八十多位企业家进行过调查，发现他们所有人的创业动机都是强烈的自我实现欲。一个真正的创业者一定具有强烈的改变现实处境的自我实现欲望。他们想拥有财富，想出人头地，想获得社会地位，想得到别人的尊重。创业者的这种自我实现欲望往往超出他们的现实，需要踮起脚才能够得着，有的时候需要跳起来才能够得着，往往需要打破他们现在的立足点，打破眼前的樊笼，才能够实现。强烈的自我实现欲是创业者的精神支柱，自我存在、自我意识、自我实现是成为创业者的首要因素，因为不甘心默默无闻和满足于现状而创业、行动、成功，这是大多数白手起家的创业者共同走过的道路。

2. **理性的冒险精神**

将冒险精神作为科技成果转化过程中创业者的基本素质，是由科技成果转化本质特征所决定的。科技成果转化的风险主要来自以下几个方面：第一，科技成果转化是一种市场化行为，受市场经济规律的支配。在市场经济环境下，创业者面对的是一个变幻莫测的市场。这个市场受若干因素的影响，没有哪一个人或机构能够完全掌控其中的变化，本质风险由此而生。第二，科技成果都是具有一定创新性的技术。创新性会使产品市场推广的方式、消费者对于产品的喜好和生产投入等都发生变化，这种变化有时会是优点，有时会是缺点，增加了创业者的风险。第三，科技成果转化为现实生产力的周期较长。正所谓“夜长梦多”，周期越长，不确定性就越大，风险越大。第四，除市场风险外，科技成果转化过程中还存在政策风险，即非市场因素风险。例如，职务发明所有权的变化、高校自主创办企业政策的变化等。

由此可见，没有冒险精神，缺乏这一创业基本素质的人，无法成为科技创业者。当然，我们说创业者需要冒险精神，并不是说创业者像赌徒一样、不计后果地追求风险。恰恰相反，创业者不能无畏地去冒险。创业者需要谨慎地全面了解技术、市场和相关人员的基本信息，以科学的评价为基础，在现有评价技术可能实现的范围内将风险降到最低。在充分权衡未知风险和预期收益之后，做出英明的决策。创业者的伟大在于思维缜密，又敢于冒险。

3. 敢于创新的精神

创新精神是所有创业者必备的基本素质，对于科技创业者来说，尤为重要。纵观技术创新的发展，新产品和新工艺层出不穷。就存储介质来说，从软盘开始发展到光盘、DVD、硬盘、U 盘、SD 卡等各种方式总共二三十年的时间，几乎每几年就有新的产品出现。老的产品很快就被新产品替代。创业者需要创新精神去拥抱新产品或新工艺。从市场创新的角度来说，消费者的需求也在不断变化，创业者也要以创新精神去理解并抓住消费者的新需求。甚至创业者要发现消费者的本质特性，创造新的市场。乔布斯在这方面是一位成功的创新者。当时，大家都认为电脑是专业人士或发烧友需要自行组装才能使用的一台机器，但乔布斯认为消费者需要的是一台以整套设备的形式展现的，自带漂亮机箱和键盘的电脑。Apple Ⅱ就是按这个思路设计的，共售出了 600 万台。相比其他电脑，Apple Ⅱ真正开创了个人电脑产业。事实证明，乔布斯的创新精神，引领了消费者的需求，使其取得了巨大成功。

4. 永不满足的精神

欲望无止境，这是人类的本性。但也正由于此，社会才具有了发展进步的动力。社会上有许多人抱持的是“清心寡欲”的心态，只求温饱居安，但创业者不同。他们不仅要温饱居安，他们还希望取得更大的成就，他们具有永不满足的精神。“不断进步”是创业者的座右铭。他们绝不会为已有的成就而心满意足并坐享其成。

对于科技创业者而言，他们对新技术的出现总是抱有浓厚的兴趣。他们总在设法采用新的技术、新的生产工艺或方法，占领更大的市场份额，取得更多的经济效益。科技创业者对取得的每一次成功都感到自豪，但从不陶醉。因为在他们看来，成功仅是前进的起点。他们为自己制定出一个个目标，当原有的目标实现了，就会向新的更高的目标前进。

最初，创业者们也许只设想办一个工厂，成为一个有钱的人，但一旦旗开得胜，其中一些人就会再投资扩建原有的工厂，或者创办新的企业赚取更多的利润。他们也不会被“自有资金”的缺乏所限制，而总是设法筹措一切可利用的资金为己所用。他们不仅要在已有的市场中争夺一个更大的份额，而且总是设法开辟潜在的市场，把触角伸到遥远的角落，建立起一个个商业的桥头堡。对他们来说，百万、千万甚至亿万财富都是微不足道的，钱在他们眼中变成了一种符号，他们永不停歇地追求更大的事业成功，为着“自我实现”而不懈地努力。

二、创业者能力

创业者既是机会的敏锐发现者，又是生产要素的组织者和重新组合者，还是新市场的开拓者和企业的经营管理者。创业是一项非常复杂的工作，需要创业者具备很高的综合能力，对于从事高科技行业的创业者来说要求则更高。

1. 评价与选择能力

对于科技创业者而言，需要研究技术发展的趋势，具有较高的技术评价与选择能力，同时还需要研究国家政策，识“大势”、看“大局”。创业者通常能从全局出发看问题，当其他人只看到局部时，他们能看到大局。虽然有的创业者认为政策研究“假大虚空”，没有意义，实则不然。在政策方面，国家对新技术、新产业的鼓励或是限制，与创业的成败有着莫大的关系。顺应了趋势可能事半功倍，相反地，如果对某个行业、某类企业，国家正准备从政策层面进行限制或淘汰，而创业者偏赶在这时懵懵懂懂一头撞了进去，一定会鸡飞蛋打。顺势而为，才能顺水行舟。了解技术发展前沿，观察政府，研究政策是为了明大势。而中势，指的就是市场机会。市场上目前的热点与流行、人们的喜好与需求，可能就表明了创业的方向。只有凭借较高的技术评价能力与优秀的时机选择能力，在正确的时机去做正确的事，创业者才有可能获取成功。

2. 领导与管理能力

创业者作为企业的舵手，需要有高超的领导艺术和经营技巧来驾驭企业，使企业最终获得成功。尤其是当企业发展到一定的规模后，这种对企业的领导与管理能力就愈加重要。创业者需要具备多方面的领导才能，诸如组织能力、聚合能力、激励能力。在创业阶段，企业的未来是不确定的，此时的关键是不断地组织、聚合追随者和拥护者，吸收杰出的人才在创业者周围从事经营管理工作，使创业团队取得良好的绩效。这些人才是否具有与其配合做好工作的能力，则取决于创业者的识别和选拔能力。而如果人才选拔出来不能知人善任、人尽其才，既浪费人才又会造成工作的失误。能够识别、选拔、任用人才，而不会评价和激励，也会造成人才流失，或是人才的积极性受到抑制。

除了领导能力外，科技创业者的经营管理能力也十分重要。创业者很大程度上从事的是企业的经营管理事业。科技创业者不仅要具备关于本企业经营领域和相关领域的技术知识，更需具备经济头脑和经营管理素质。如果说技术提高了原来的经济资源的开发和利用效率，那么管理则是寻求一种制度、方法，把技术和经济资源很好地组合起来，发挥它们的协同效应，最终实现生产效率和资源的利用效率的提高，进而促进企业的发展。新的技术只有应用于生产，其生产出的产品或提供的服务必须服务于消费者，适应市场需求，创业企业才有生存和发展的可能。这必然涉及资源调配、市场调查、预测决策、市场营销、成本核算和财务管理等一系列经济和管理问题。在现代知识经济社会和信息社会，创业者必须牢牢掌握丰富的、先进的和完善的现代管理科学、决策科学和领导科学理论和方法体系，培养自己的经营管理素质。

3. 决策能力

创业者决策能力的高低，直接左右着企业的发展方向与生死存亡。商场如战场，一个有勇无谋的人早晚会成为别人的盘中餐。创业不仅是一个斗体力的活动，更是一个斗心力的活动。而创业者的智谋、决策能力，将在很大程度上决定其创业成败。尤其是在市场竞争激烈的环境下，创业者不但要能够守正，更要有能力出奇。

创业者的决策能力、谋略或者智慧，其实贯穿于创业者的每一个创业行动中。谋略其实就是一种思维的方式，一种处理问题和解决问题的方法。对于创业者来说智慧是不分等级的，它没有好坏、高明不高明的区别，只有好用不好用、适用不适用的问题。创业者的智慧，重要的一点就是不拘一格，出奇制胜。

4. **外交能力**

科技创业者如要取得成功，离不开对内对外两种资源的利用。创业者的内部资源主要体现在创业者个人的能力，其所占有的生产资料、知识与专业技术、家族资源等。拥有良好的内部资源对创业的成功无疑是非常重要的。但外部资源同样也不可或缺，其中最重要的一点就是人脉资源，即创业者的人际网络或社会网络。因此，创业者的外交能力的高低，就显得尤为重要。

5. **学习能力**

科技创业者常常已经具有很高的学识水平，即便如此，创业者也需要不断学习，具备掌握新知识的学习能力。相对于普通人，创业者不仅要懂得自己相关领域内的专业知识，还需要掌握基本的经济学、管理学等与企业运作密切相关的知识。而且更为重要的是，创业者需要掌握现代化的学习手段，在所接触到的海量信息中，学习如何甄别、筛选、整理、分析，能够学会从错综复杂甚至相互矛盾的信息中，提炼出真正有价值的信息。虽然创业者在这方面可能会借助专家的意见，这常常是一个获取新知识的捷径，但它不能替代创业者自身的思辨与判断。

除学习、获取新知识的能力外，创业者还需要具备反省的能力，这也是学习能力的重要方面。作为一个创业者，遭遇挫折、碰上低潮都是常有的事。在这个时候，反省能力和自我反省精神能够很好地帮助创业者渡过难关。曾子说："吾日三省吾身。"但对创业者来说，不仅要一日三省吾身，还要时时刻刻警醒、反省自己。如张瑞敏所说，"战战兢兢、如履薄冰"。唯有如此，创业者才能时刻保持清醒。反省其实是一种学习能力，创业既然是一个不断摸索的过程，创业者就难免在此过程中犯错误。反省，正是认识错误改正错误的前提。对创业者来说，反省的过程也是学习的过程。有没有自我反省的能力，具不具备自我反省的精神，决定了创业者能不能认识到自己所犯的错误，能不能改正所犯的错误，是否能够不断地学到新东西。

第四节　创业计划书

一、发现创业机会

科技创业者较之普通的创业者进行创业，已具备科学技术上的优势，但这还不足够，他还需要一个好的创意。创意活动是创业的开端，一个好的创意像一颗优质的种子，是创业成功的前提条件。在创业过程中，科技创业者运用新的科技知识，开发出各种新的产品，促进了人类社会的进步和发展。

不过，创意也并不都是创业的机会。无数事例证明，新颖、独特的创意并不一定能化作有效的市场需求；技术的先进性并不等于技术的经济性。而我们通常所称为的机会，意涵事物发展的恰到好处的客观时机。举例来说，人们通常把潜在的不易发现的有利条件称为机会，或把在困境中偶然遇到的可能导致走向成功的转折点称为机会，也把在各项社会活动中突然出现的新情况、新机遇、新形势称为机会。而创业机会则是指人们在创业过程中遇到的各种有利于创业活动开展和获得成功的良好时机。对于科技创业者的创业来说，最重要的是其利用新的科学技术开发出的产品或服务的市场需求。只有当市场及消费者或客户认可创业者生产的产品或服务的时候，也就是说，只有当存在这样的市场需求的时候，新创的企业才可能生存并获得发展。

正因为如此，创业者需要对创业机会进行谨慎地评估分析，才能够最终做出是否创业的决定。在评估分析创业机会时，应遵循以下几个方面的原则：第一，市场原则。创业项目应该以满足市场需求为前提，重点发展需求量大、发展前景广阔的产业或项目。第二，效益原则。创业项目应该有较高的投入产出比，投资要讲究一定的回报率。第三，符合国家产业政策原则。重点发展国家产业政策鼓励、支持的产业或项目，回避国家产业政策明确限制和压产的项目。第四，充分利用当地资源优势和创业者自身优势的原则。创业者要选择熟悉并拥有资源优势的项目，不盲目追求社会经济热点，以避免决策失误，浪费劳动和投资。

二、了解创业计划

1. 什么是创业计划

创业计划是创业的蓝图，也是吸引风险投资的关键文件。一份完整的创业计划不但能充分体现创业者的创意或企业的价值，也能向潜在的投资者全面介绍企业运作计划和未来发展前景及融资要求。它应该清楚地说明创业者或企业能够销售足够多的产品或提供更好的服务，获得令人满意的利润，从而有效地吸引投资方对创业项目的投资。

具体而言，创业计划是对创建一个企业的基本思想以及与企业创建有关的各事项进行总体安排的文件。创业计划从企业内部的人员制度管理以及企业的产品营销市场等各个方面，对即将创建的企业进行可行性分析。对创业者而言，创业计划有四个基本的目标：第一，分析和确定创业机会和内容；第二，说明创业者计划利用这一机会发展新的产品或服务所需要采取的方法；第三，分析和确定决定企业能否成功的关键因素；第四，确定实现创业所需要的资源以及取得这些资源的方法。

在正式创业之前，创业者做出一个翔实的创业计划，不仅可以作为自己创业的行动指南，还可以作为吸引风险投资的敲门砖。

2. 创业计划的作用

科技创业者撰写创业计划的过程，不仅是一次“纸上谈兵”的过程，更是一次对创业活动或项目操作深入分析的梳理过程。对科技创业者来说，创业计划的具体作用有以下几个方面：第一，为创业者提供自我评价的机会。创业计划通过明确指出企业内部竞争优劣势与外部机会威胁、可能遇到的问题以及预期的经营结果，使创业者能够清楚地知道自身创业的经营与发展过程及结果。第二，创业计划明确了创业的可行性和创业战略，是创业者的行动纲领和执行方案。第三，创业计划是创业者与（现实的或潜在的）投资者、政府官员、内部员工、合作伙伴、供应商、顾客及相关人员有效沟通的工具。第四，创业计划是作为获取风险投资的敲门砖。通过对创业项目的描述及发展，为创业者吸引投资提供佐证依据。第五，创业计划是制作对外宣传材料的依据。

3. 好的创业计划的特征

好的创业计划除了应满足语言通畅易懂，意思表述准确，简洁、完整、条理清晰等基本要求以外，还要具备以下特征：第一，高屋建瓴。创业计划要有一定的高度，体现创业者的战略意图和方向，但也要有适度的可操作性，日后可以作为项目开展的行动指南。第二，重点突出。创业计划应突出重点，能够打动投资人。例如，通过翔实的市场调查，表明项目或产品的发展前景，着力强调项目的经济效益。详细拟定的竞争策略，突出风险管理能力，以及明确行动计划，对项目行动或措施方案做出周密安排，这些常常是投资人所关注的重点，也是好的创业计划需要更多着墨的地方。第三，资料可靠。创业者拟定创业计划，要精心准备素材、数据。通过引用权威信息，创业者借以了解国家政策，并掌握国际、国内发展趋势。通过引用行业发布的数据，借以了解行业内发展态势，例如优势与劣势各是什么，亟须什么等。通过引用财务积累数据，借以分析自身的现状、地位、规模、财力情况。

三、撰写创业计划书

1. 撰写创业计划书的程序

一份好的创业计划书，应简明扼要，重点突出，不要写无关紧要的内容，过于冗长的创业计划书反而会让读者失去耐心。整个创业计划书的写作是一个循序渐进的过程，大致可以分成 5 个阶段完成。第 1 个阶段是将创业计划构想细化，初步提出计划的思路。第 2 个阶段是进行市场调查。

通过与行业内的企业和专业人士进行接触，了解整个行业的市场状况。第3个阶段是对竞争者进行调查。确定你的潜在竞争对手，并分析本行业的竞争趋势。第4个阶段是财务分析，包括对创业企业的价值评估。财务分析的目的是量化创业企业的收入目标和战略，其中要求详细而精确地考虑实现创业所需要的资金。必须保证所有的可能性都考虑到了。第5个阶段是创业计划书的撰写与修改。根据所收集到的信息，制定企业未来的发展战略，把相关的信息按照上面的结构进行调整，完成整个创业计划书的写作。在创业计划书完成以后，仍然可以进一步论证计划的可行性，并根据信息的积累和市场的变化，不断完善整个创业计划。

2. 撰写创业计划书的关键

那些既不能给投资者以充分的信息，也不能使投资者激动起来的创业计划书，其最终结果只能是被扔进垃圾箱里。为了让创业计划书“打动人心、一击即中”，创业者应做到以下几个关键点：

①关注产品。在创业计划书中应提供所有与企业的产品和服务有关的细节，包括企业实施的所有调查。例如，产品正处于什么样的发展阶段？它的独特性怎样？谁会使用企业的产品，为什么？把投资者拉到企业的产品或服务中来，这样投资者就会和创业者一样对产品有兴趣。

②敢于竞争。在创业计划书中，创业者应细致分析竞争对手的情况。竞争对手都是谁？他们的产品如何？与本企业的产品相比，有哪些相同点和不同点？分析竞争对手以后，创业者再展示相对于每个竞争对手所具有的竞争优势。

③分析市场。创业计划书要给投资者提供企业对目标市场的深入分析和理解。应细致分析经济、地理、职业以及心理的因素对消费者选择购买本企业产品这一行为的影响以及各个因素所起的作用。创业计划书还应包括一个主要的营销计划，并明确每一项营销活动的预算和收益。

④表明行动方案。创业计划书应尽力表明企业的行动计划是无懈可击的。关于企业的行动方案，应明确以下问题：企业如何把产品推向市场？如何设计生产线，如何组装产品？企业生产需要哪些原料？企业拥有哪些

生产资源，还需要什么生产资源？企业是购买设备还是租赁设备？

⑤展示创业团队。把一个创业机会转化为一个成功的创业企业，其关键的因素就是要有一支强有力的创业团队。这支队伍的成员必须有较高的专业技术知识、管理才能和多年工作经验，要给投资者这样一种感觉："看，这支队伍里都有谁！如果这个公司是一支足球队的话，他们就会一直杀入世界杯决赛！"作为企业的管理者，其职能就是计划、组织、控制和指导公司实现既定的目标。因此，在创业计划书中，要详细描述一下整个创业团队及其职责，进而分别介绍每位管理人员的特殊才能、特点和造诣，细致描述每个管理人员将对公司所做的贡献。创业计划书中还应明确管理目标以及组织结构图。

⑥出色的执行摘要。创业计划书中的执行摘要也十分重要。它必须能让投资者有兴趣，让投资者进一步渴望得到更多的信息，也能够给每位读者留下长久的印象。执行摘要是创业者所写的最后一部分内容，但却是投资者首先要看的内容。执行摘要要从创业计划中摘录出与筹集资金最相关的细节。如果创业企业是一本书，它就像是这本书的封面，做得好就可以把投资者吸引过来。它会使风险投资家有这样的印象："这个公司将会成为行业中的巨人，我已等不及要去读创业计划的其余部分了。"

3. 创业计划书的主要内容

创业计划书无论从什么角度，出于什么目的，都具有一定的格式，形成特定的行业规范，尤其是从吸引风险投资的角度来说，对其格式和内容的规范性、完整性要求也更加严格。但无论是哪一种格式，通常都包含以下主要内容：

（1）封面

封面应包括以下内容：企业名称和地址；创业者姓名、电话、传真、电子邮箱、网址和通信地址；企业或产品的标志、口号，通常会用一句话来描述企业的性质或理念；对报告机密性的陈述。

（2）执行摘要

创业计划是风险投资的敲门砖，执行摘要则是点燃风险投资者投资意向的火种。执行摘要列在创业计划的最前面，它浓缩了创业计划的精华，以便潜在投资者能在最短的时间内评审计划并作出判断。如果没有好的执行摘要，创业计划卖给投资者的希望就很渺茫了。执行摘要其实是全部创业计划的一个基本框架。它的基本功能是用来吸引投资者的注意力，所以摘要不能过长，一般不超过两页的篇幅。它要能让潜在的投资者感兴趣并渴望得到更多的信息。

执行摘要一般包括以下内容：公司介绍、主要产品和业务范围、市场概貌、营销策略、销售计划、生产管理计划、管理者及其组织、财务计划、资金需求状况等。

（3）市场（或环境、行业和竞争）分析

市场分析是估测可能影响创业计划的外部不可控因素，评审行业趋势及拟定竞争战略。这一部分要阐明以下问题：顾客、市场容量和趋势、竞争和各自的竞争优势、估计的市场份额和营销额、市场发展趋势。对于不同问题，常常采用不同的分析方法。例如，环境与竞争分析通常采用SWOT分析法，行业竞争分析通常采用波特五力模型，而营销分析则通常采用4Ps法。

（4）新企业（业务）概述

这部分是对新企业的产品、服务和运营情况做整体的描述，以帮助风险投资者确定企业的规模和经营范围。这里需要列出能充分描述新建企业，并能使阅读者深入理解其所经营业务的一系列要素，如产品或服务、企业选址和规模、人员和办公设备需求、创业者背景和风险企业的历史等。

（5）战略与执行

在整个创业计划书里，这一部分的安排可以有不同的选择，有的公司是单独将公司战略作为一部分，有的则直接将其与营销计划和营运计划放在一起，这通常取决于公司规模和业务范围的大小。

（6）生产计划或营运计划

生产计划是对制造产品的细节流程的陈述。如果生产过程有分包，则应有对分包商的厂址、选择分包商的原因、分包成本及分包协议内容的描述。而如果制造过程全部由创业者来完成，则需要描述生产所必需的厂房设施、机器和设备的情况，以及原材料和供应商的名称、地址、供应条款。此外，还应列出制造成本及未来可能需要的固定资产投入情况。

（7）营销计划

营销计划是对营销状况以及与产品和服务的分销定价和促销相关的策略的描述。营销计划是新建企业能否成功的关键因素之一。它能让风险投资者明白企业的具体目标以及实现目标所采取的策略，也为创业者实现目标提供了一个行动框架。此外，通过对这些战略进行成本预算，为预测财务状况提供了依据。

（8）组织计划

潜在的风险投资者寻求的都是管理优良的企业，在他们所考虑的因素中，管理团队的素质是首要的，它甚至比产品和服务更加重要。风险投资家的理念是宁愿向有二流创意的一流团队投资，而不向有一流创意的二流团队投资。企业管理的好坏直接决定了企业经营风险的大小。而高素质的管理人员和良好的组织结构是管理好企业的重要保证。因此，风险投资家会特别注重对企业管理队伍的评估。

企业的管理人员应该是互补型的，而且要拥有团队精神。一个企业要具备负责产品设计与开发、市场营销、生产作业管理、企业理财等方面的专门人才。在创业计划书的组织计划中，需要介绍主要管理人员所具有的能力，他们在本企业中的职务和责任，他们过去的详细经历及背景。此外，在这部分创业计划书中，还应对公司结构作简要介绍，包括：公司的组织结构图；各部门的功能与责任；各部门的负责人及主要成员；公司的报酬体系；公司的股东名单，包括认股权比例和特权；公司的董事会成员；各位董事的背景资料。

（9）财务计划

财务计划是将市场机会转化为财务指标的实施方案，要使潜在风险投资者明确创业者怎样来满足各项资金需求，维持适当的流动性，保证债务的偿付，获得良好的投资回报。财务计划需要花费较多的精力去做，包括预估现金流量表，预估资产负债表，以及预估损益表。财务计划中要详细描述财务需求，预测资金来源和支出，展示收入、成本和利润计划。这一部分应该包括过去3~5年的或能够得到的历史财务报表（如果有的话），预计的未来3~5年的财务报表。一份好的财务计划对评估创业企业所需的资金数量、提高创业企业取得风险资金的可能性是十分关键的。

（10）风险评估

新建企业常常会面临着各种风险，如竞争对手的反应，企业自身在营销生产和管理方面的弱势，技术进步所造成的产品过剩等。因而，在创业计划书当中要对创业项目进行风险评估。风险评估是确定潜在的创业项目所面临的风险与可选的策略，以实现创业目标的过程。风险评估主要考虑三个方面的问题：首先，新建企业面临的主要风险是什么；其次，描述潜在风险一旦发生会产生何种后果；最后，说明将采取什么措施以规避、减弱或对抗上述风险。

（11）附录

创业计划书的最后一部分为附录。附录部分通常包括一些补充材料，这些材料在正文中没有必要详细展示，只要在正文的相应文字或段落表明供参阅的附件名称即可。这些附件信息可能包括：顾客、分销商或分包商的来信；租约、合同或已签订的其他协议；供应商和竞争者的报价资料等。

第五节 创建企业

在科技创业者拥有创意，对创业机会作出评价和选择，并且拟定了创业计划之后，就进入了企业的创建阶段。创建企业时，除了资本、人员、场地、设备及企业名称等各方面的前期准备工作外，创业者首先要确定适合自己创业的企业组织形式，并且按照有关法律和行政法规要求，到工商行政机关登记注册取得营业执照，并到税务登记部门等机关办理其他手续后，一个新的企业才能宣告成立。

一、企业的组织形式选择

企业的常见组织形式有个人独资企业、合伙制企业、有限责任公司、股份有限公司等几种形式。选择合适的组织形式，对于企业今后的发展壮大以及管理都有着重要的影响，因此，科技创业者要根据企业现有的资源，如人数、能力、偏好等，并结合这几种组织形式的特点，选择合适的企业组织形式。

1. 个人独资企业

个人独资企业也称个人业主制企业，它是依照《中华人民共和国个人独资企业法》在中国境内设立，由一个自然人投资，财产为投资人个人所有，投资人以其个人财产对企业债务承担无限责任的经营实体。个人独资企业起源最早，也是最普遍、最简单的企业组织形式，流行于小规模生产时期。个人独资企业在小型加工、零售商业、服务业领域中较为多见。由于个人独资企业的数量众多，其对社会经济生活的影响力不容忽视。

2. 合伙企业

合伙企业是指自然人、法人和其他组织依照《中华人民共和国合伙企业法》，在中国境内设立的普通合伙企业和有限合伙企业，是由两个以上合伙人订立合伙协议，共同出资、合伙经营、共享收益、共担风险，并对合伙企业债务承担无限连带责任的经营性组织。合伙企业的成立，遵循的是自愿、平等、公平、诚实信用原则。合伙人可以用货币、实物、知识产权、土地使用权或者其他财产权利出资，也可以用劳务出资。合伙企业对其债务，应先以其全部财产进行清偿。合伙企业不能清偿到期债务的，合伙人承担无限连带责任。由于合伙人承担的是无限连带责任，因此，在债务清偿数额超过按照合伙协议规定的亏损分担比例时，债权人有权向其他合伙人追偿。合伙企业一般在广告、商标、咨询、会计师事务所、律师事务所、股票经纪人、零售商店等行业较为常见。合伙制企业与个人信誉、个人责任密切相关，因此规模常常较小。

值得一提的是，我国在 2006 年修订了《中华人民共和国合伙企业法》，在其中增加了有限合伙制度。该制度规定，部分合伙人可以承担有限责任。具体来说，有限合伙企业是指由普通合伙人和有限合伙人共同组成，普通合伙人对合伙债务承担无限连带责任，而有限合伙人则以其出资额为限，对合伙债务承担有限责任的营利性组织。一般而言，科技创业者拥有技术研发能力，但是缺乏创业资金，而风险投资者拥有大量资金、专业从事投资，但他们不愿意或者没有精力参与企业经营，在此情况下，有限合伙制度刚好契合他们的各自需求，能够调动各方面的投资创业热情，实现了风险投资人与创业者之间的最佳结合，因而成为科技创业者可以认真考虑的一种企业组织形式。

3. 有限责任公司

有限责任公司是经政府相关部门批准，由股东共同出资设立，股东以其出资额为限对公司承担责任，公司以全部资产为担保对外承担责任的法人组织。公司股东作为出资人，按投入公司的资本额享有获得所有者的资产收益、参与重大决策和选择管理者等权利。公司享有由股东投资形成的全部法人财产权，依法享有民事权利，承担民事责任。

有限责任公司是一种资合公司，它的资合性体现在：股东对公司的债务只负有限责任，即以其出资额为限对公司承担责任；股东以货币实物、工业产权、非专利技术、土地使用权等出资，但不得以信用和劳务出资；实行“资本三原则”。“资本三原则”包括：“资本确定原则”“资本维持原则”和“资本不变原则”。“资本确定原则”指公司在设立时，必须在章程中对公司的资本总额作出明确规定，并需由股东全部认足，否则公司不能登记成立。“资本维持原则”指公司在其存续过程中应经常保持与其资本额相当的财产，以防止资本的实质减少，保护债权人的利益；同时也防止股东对盈利分配的过高要求，确保公司本身业务活动的正常开展。“资本不变原则”指公司的资本一经确定，就不得随意改变，如需增减必须严格按法定程序进行。

有限责任公司的设立比较简单，可以由一个（国家独资）或几个以上的发起人发起，其组织形式也比较简单，可设一名或几名董事，而对股东人数少、规模较小的公司还可以不设监事。

4. 股份有限公司

股份有限公司是指其全部资本分为等额股份，股东以其所持股份为限对公司承担责任，公司以其全部资产对公司的债务承担责任的企业法人。规模较大的大中型企业通常采取这种组织形式。股份有限公司是最典型的现代企业组织形式，是现代企业组织形式的高级形态，产权关系明晰、权责界定明确，具有规范的公司治理结构和良好的运行机制，与其他组织形式相比较有更大的优越性。不过，与其他企业组织形式相比，股份公司的设立手续比较复杂，组建费用也比较高，公司股东要缴纳双重所得税。尤其是上市公司，要公开披露企业经营业绩和公司财产状况，接受和遵守更多的法律法规的制约和监督，在资本市场上也有被其他公司接管的可能性。

作为科技创业者，在创业伊始，不但需要了解我国现有企业制度中可以选择的各种投资、创业形式，而且应当了解每一种形式的优劣，从而选择一种合适的企业组织形式。对于法律有强制性规定的行业，创业者只能按照法律的要求办理，而对于法律没有强制性要求的，则需要根据实务中通常的做法以及创业者的特殊要求来确定合适的企业组织形式。

二、企业的登记注册

企业登记注册是企业依照有关法律、行政规章，履行登记注册手续，经工商行政管理机关核准登记，取得法人资格或营业资格的过程。企业法人登记是指登记注册主管机关依照法定程序，对具备法人条件的企业确认其企业法人资格所进行的核准登记。而营业登记是指对不具备法人条件，但有条件进行经营活动的单位确认其合法经营资格所进行的核准登记。

我国的企业登记注册是按照分级管理原则进行。凡属国务院授权部门批准设立的股份有限公司以及国务院授权投资机构设立的有限责任公司和外商投资设立的有限责任公司，均由国家工商行政管理总局负责登记。凡属省、自治区、直辖市人民政府批准设立的股份有限公司以及省、自治区、直辖市人民政府授权投资机构设立的有限责任公司和国家工商管理总局委托登记的公司，均由省、自治区、直辖市工商行政管理局负责登记。市、县、区级工商行政管理局则负责上市公司以外的其他各种企业的登记。企业登记注册的一般程序如图 7-1 所示。目前，全国各地普遍进行了企业登记注册电子化改革。

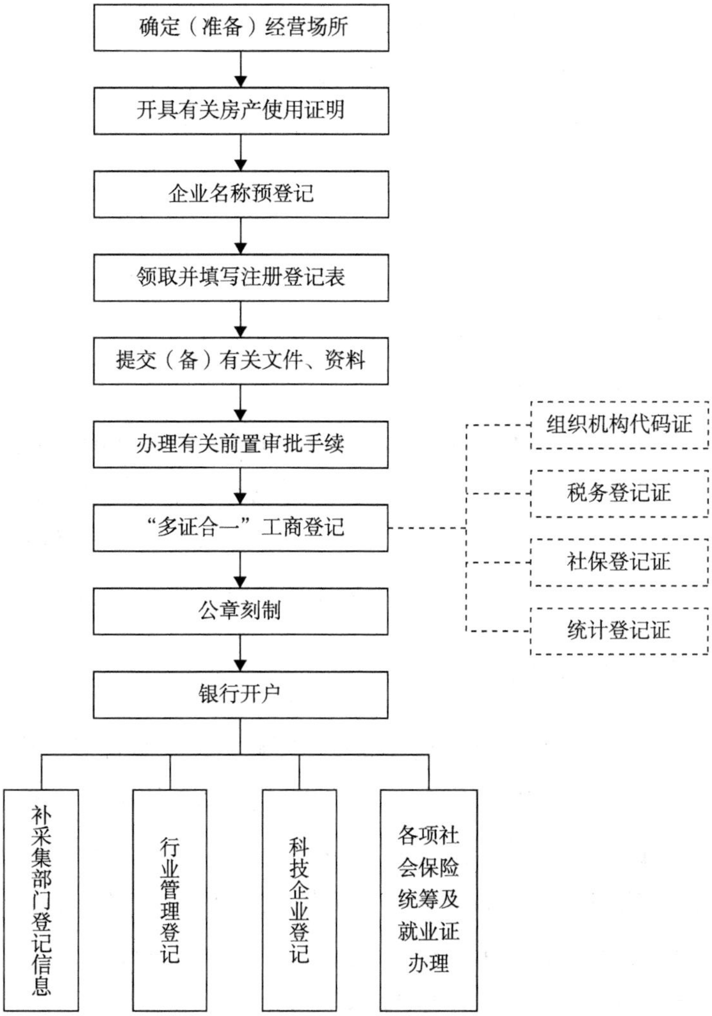

图 7-1　企业登记注册的一般程序

三、银行的开户与结算

创业企业在银行开立账户是开展经营活动的基本条件。银行为创业企业与其他社会经济主体之间的经济往来提供结算和清算，并且提供资金的支持。银行账户是指各单位为办理存款、贷款、结算以及现金收付而在银行开立的户头。根据国务院规定，各单位之间的经济往来，除按照现金管理办法规定以现金交易外，其他较大额的交易往来都需通过银行办理转账结算。同时，通过银行办理转账结算也最为方便、安全。创业企业在银行开立存款账户是与银行建立往来关系的基础，只有在银行开设账户，才能委托银行办理各种资金往来业务。银行账户有四大类，分别是基本存款账户、一般存款账户、专用存款账户和临时存款账户，它们分别对应不同的用途。

创业企业在经营过程中，必然会涉及债权债务的结算，它们可以分为两种：现金结算和转账结算。现金结算是指直接使用现金完成货币收付的行为，在金额不大的情况下较为方便。转账结算是指不直接使用现金收付，而是使用信用支付工具，通过银行把款项从付款人账户内转移到收款人账户内的一种货币收付行为。在大额商品交易中，使用转账结算便可轻易地实现商品交易价款的结算。需要注意的是，在商品交易、劳务供应中，超过一定限额的款项必须使用转账结算，因此，现金结算也仅限于单位与个人之间的经济往来，以及单位与单位之间结算起点以下的支出。在转账结算中，根据我国银行结算办法的规定，结算的种类主要有银行汇票、商业汇票、银行本票、支票、汇兑、委托收款等信用支付工具和结算方式。

四、税务登记与纳税

税务登记是企业创立的必经环节之一。依法办理纳税的相关登记手续是纳税人依法履行纳税义务的基本前提，也是纳税人合法经营的前提。只有依法进行了税务登记，才能够得到税务机关的有效管理，并在一定的条件下享受一定的税收优惠。因此，科技创业者需要了解现行税务登记制度。

税务登记制度简称税制，是税务机关对纳税人的开业、变更、歇业以及生产经营范围实行法定登记的一项管理制度，其内容包括开业登记、变更登记、停复业处理、注销登记、税务登记证验审和更换、非正常户处理等。通过建立税务登记制度，税务机关可以了解和掌握纳税人的生产经营状况和纳税户数，便于税务机关控制税源，同时，也有利于增强纳税人依法纳税的观念，促进应纳税款及时足额地缴入国库。

创业企业的账簿和凭证是企业据以纳税的依据，也是反映企业生产经营状况的重要资料。因此，创业企业必须按照国务院财政、税务主管部门规定的保管期限保管账簿、记账凭证、完税凭证及其他有关资料。账簿、记账凭证、完税凭证及其他有关资料都不得伪造或者擅自销毁。

依法纳税是创业企业作为纳税人和扣缴义务人的法定义务。如果纳税人和扣缴义务人无法定理由而拒绝履行义务，将会面临税务机关的相关处理和惩罚。因此，创业企业在发生纳税义务和扣缴义务时，需要就有关事项向税务机关进行书面申报，即纳税申报。根据规定，纳税人和扣缴义务人在发生纳税义务和代扣代缴、代收代缴义务后，要在规定的申报期限内，依照法律、行政法规，到指定的税务机关或通过邮寄形式，办理纳税申报。

第八章　资本方：投资功能

第一节　认识投资功能

科技成果转化的全过程都离不开资金的支撑，投资功能就是解决资金问题的功能。在实操中，常见的投资方式主要是生产类企业利用自有资金投资，或者是由专业的风险投资机构投资。在有些科技成果的转化过程中，政府有时也会发挥一部分投资的功能。

企业利用自有资金投资的方式出现的场景经常是在企业与高校以 A+E 的模式进行科技成果转化的过程中发生的。这类合作的成功率较高，在高校院所的科技成果转化中占比较高，是大家最熟悉的。政府发挥投资功能的情况主要是政府出台与科技成果转化相关的科技金融政策，成果转化双方借助这些政策可以申请实施成果转化所需的部分资金。

企业自有资金的投资和政府的投资操作起来相对简单些，在高校及科研院所的科技成果转化过程中已经发挥了重要作用。但是，在当前高校及科研院所的科技成果转化过程中，专业风险投资机构参与的转化案例占比还是非常低的。吸引更多的专业风险投资机构加入科技成果转化的行列，无疑会极大地促进科技成果规模化转化。因而，风险投资的相关知识是做好科技成果转化的基础知识。

风险投资，也称创业投资，来自英文“Venture Capital”，简称 VC。按照美国风险投资协会的定义，风险投资是指由专业投资者投入新兴的、迅速发展的、有巨大竞争潜力的企业中的一种权益资本。

风险投资不同于一般的金融，它是通过投入企业，并参与企业的成长壮大过程，最终从成功企业退出而获取利润的一种资本运作模式。有的风险投资机构只能为企业提供资金，我们称为 C 类投资机构。还有的风险投资机构不仅能提供资金，还会为所投企业提供管理经验、市场及未来发展的联系渠道，我们称为 E 类投资机构。风险投资的真谛在于帮助创业者建设企业，从这个角度看，将风险投资称为“创业投资”是恰如其分的。不过，一般来说，风险投资也并不是投入到一般的创业企业，而通常是投入到那些新兴的、具有巨大增长潜力的创业企业。科技创业者的创业企业，常常是代表朝阳产业的高科技、创新型企业，因而成为风险投资所青睐的投资对象。

一项高新技术的产业化，通常划分为 4 个阶段：理论基础研究阶段、技术实验室模拟研究阶段、以市场为导向的工业化生产熟化阶段、工业化大生产和市场推广阶段。风险投资进入的最佳时期往往是第三或第四阶段，也就是科学技术成果熟化并转化阶段。

第二节　创业者与风险投资家

风险投资家的成功离不开创业者。风险投资家的成功是基于他们投资的企业的成功。有的风险投资家之所以优秀，是因为他们投资了具有巨大发展潜力的企业，而有的风险投资家失败了，是因为他们选择了错误的投资对象。没有创业企业的成功就没有风险投资家的成功，反之却不尽然。但是，风险投资家提供了创业企业所需要的宝贵的资金，以及有价值的商业经验，从而能够让创业企业更加快速地、茁壮地发展壮大。在这一点上，创业者与风险投资家的利益是高度一致的。

不过，创业者与风险投资家有时也会因为掌控创业企业的控制权而

“兄弟反目、兵戈相向”。因此，风险投资家与创业者有时像恋人，有时则像战场上的敌对双方。而且，在创业企业的不同发展阶段，他们两者之间的关系也会有微妙的不同。

创业企业从出生到长大到成熟，往往要经历许多艰难困苦，而创业初期最困难的莫过于“死亡谷”。顾名思义，“死亡谷”多存在于创业型中小企业，是企业发展过程最困难的时期，也是企业最容易夭折的时期。企业成长与死亡谷如图 8-1 所示。

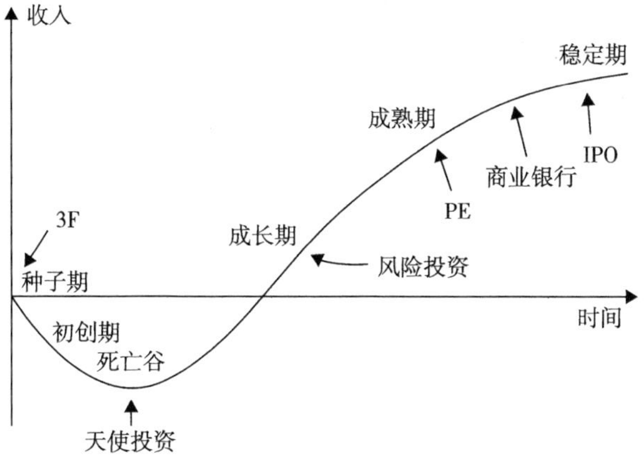

图 8-1　企业成长与死亡谷

图 8-1 的横轴表示时间，即企业成长过程，包括种子期、初创期、成长期（扩张期）、成熟期、稳定期。图 8-1 的纵轴表示的是企业的营业收入。在企业发展的种子期，3F（Family，Friends，Fools or Founders，即家庭、朋友、傻瓜或创业者本人）往往是他们最主要的资金来源。在进入初创期时，除了 3F，还有天使投资、政府扶持基金、科技孵化器、风险投资等其他资金来源相助。当企业进入成长期（也称为扩张期）时，他们有可能寻求风险投资。企业进入成熟期，私人权益资本（又称为非公开权益资本）或商业银行就会介入。而步入稳定期的企业还可以通过资本市场融资。

如果企业处于死亡谷之中，他们与天使投资家/风险投资家谈判时，往往处于被动地位，在投资谈判上力量较弱。这时，天使投资家/风险投资家常常可以大大降低投资成本，获得投资谈判的主动权。因为处于死亡谷的企业急于获取救命资本，而投资者并不会因为创业者所处的地位而忽略对于被投对象的严格筛选，也绝不会掉以轻心，简化投资的尽职审查程序。具体来说，创业者与风险投资家的关系，大致体现在以下几个方面：

第一，创业者是风险投资成功的最基本条件，没有成功的创业者就没有成功的风险投资家，然而，风险投资家也是成功的创业者之所以成功的主要原因之一。

第二，在创业企业急于融资时，尤其在企业处于死亡谷时期，创业者在争取风险投资的谈判中往往处于被动地位。这时也是风险投资家获取低成本投资的好机会。

第三，具备杰出的管理能力、市场发展战略，又具有科技创新实力的创业是风险投资的基石，而充满创业激情的、具有必胜信念的、勇于挑战自我的创业者是风险投资家投资的对象。

第四，在相当长的一段时间内，创业者是风险投资家的商业伙伴，二者的关系好坏是企业成功与否的关键之一。

第五，创业者的最终成功需要风险投资家的辅助，因此，对创业企业投资后的积极参与成为风险投资家区别于其他投资者的重要特征之一。

第三节　风险投资与天使投资

从推进科技成果转化功能的角度而言，天使投资也是一类风险投资，甚至在创业企业创立伊始的种子期，3F 的投资也是风险投资。不过，如果从狭义的风险投资的概念出发，风险投资与天使投资还存在一些细微的区别。

天使投资这一概念最早起源于 20 世纪初纽约的百老汇表演。据说在百老汇有这么一个故事：艺术家们在一个节目的排练过程中突然发现资金不够，面临着半途而废的困境，大家心急如焚。一方面，人们不愿意放弃已投入的人力、物力。另一方面，由于未来演出是否能够成功具有很多不确定因素，很难找到外部资金。在最困难的时候，一位过去曾在百老汇演出成功的经济实力雄厚的人，向他们伸出了援助之手。这位做出大胆而及时的投资决策的投资人，对于那些处于困境的编导和演员来说，如同上帝派来的天使。他们尊敬地称他为“投资天使”。“天使投资”一词应运而生。

百老汇出现的最初意义上的天使投资，具有一定的慈善资助的性质。但后来，天使投资被用于纯商业行为。人们将那些投资于种子期或早期的创意或创业企业的个人股权资本，称为天使资本。和风险投资或创业投资一样，天使投资家不仅为创业企业提供资金，同时也提供他们的专业知识、经验以及关系网。

根据美国新罕布什尔大学创业研究中心（Center for Venture Research）对天使投资的定义：天使投资是具有一定闲置资本的个人，对于处于种子期的具有巨大发展潜力的企业（项目）进行权益资本投资的行为。与狭义风险投资相对，天使投资也被称为“非正规风险投资”。但与风险投资相似，天使投资也是向非上市企业，特别是种子期或早期的创业企业进行非控股性投资的非公开权益资本。不同的是，风险投资更多的是一种机构行为，而天使投资常常是个人行为。而且，风险投资家投的主要是他人的钱，即机构投资者的资本，而天使投资家则主要投的是自己的钱。

广义而言，天使投资是指以自己的资金从事企业首轮外部投资，以期获取利润的投资行为，它既包括股权投资，也包括任何形式的债权投资。而狭义的天使投资，或者说更严格意义上的天使投资，如前所述，是指职业投资人以自己的资金向具有巨大发展潜力的企业所进行的种子期或早期的、非控股的、投资期限相对长的，具有高风险、高潜在回报的权益资本投资。值得注意的是，同风险投资家一样，天使投资家不是喜爱风险，他们是热衷于追逐高收益，而为了获取高收益，天使投资家不得不承担高风险。因此，在这一点上，天使投资家与风险投资家一样，他们的投资目标项目不是高风险而是高增长，通过投入那些具有巨大发展潜力的项目，以期获取高的收益。具体来说，风险投资与天使投资有以下几点区别：

第一，天使投资的投资额度偏小。由于天使投资是一种分散的、个体的、小规模的投资模式，因此它的投资规模往往比较小。由于每笔投资额度较小，同样的资本金，天使投资可以支持更多的初创企业。对于处于种子期的创业企业来说，天使投资不是“锦上添花”，而是真正的“雪中送炭”。

第二，天使投资介入创业企业偏早。进入21世纪以来，风险投资越来越有向创业企业晚期投入的趋向。这种风险投资“PE”化的倾向，不仅存在于我国风险投资界，也存在于世界各国，包括美国风险投资界。风险投资越来越向晚期投资转型的趋势，使得创业企业的早期融资更加困难，企业在种子期、创始期的资金供给不足的局面更加严重。而天使投资正好弥补了这种资金不足。正因为天使投资的这个性质，各国政府以及各地方政府都从某种程度上出台了各种优惠政策，包括税收政策，以鼓励天使投资在本国或本地区的投资，从而进一步推动当地创业企业的发展，尤其是高科技创业企业的发展。

第三，天使投资投资风险偏高。天使投资的这一特征是与其介入创业企业时间偏早密切相关的。一般地，介入创业企业的时间越早，投资风险就越高。在企业创立的早期，尤其在种子期，企业的技术还没有达到中试阶段（指新产品正式投产前的较小规模试验），产品还没有得到市场的承认，经营模式还没有经过商业竞争的洗礼，管理团队还没有受到各类的考验，一切都还在尝试阶段，种种不可预测的变数，种种不可避免的不确定性都会造成新的问题、新的矛盾。在这个阶段投资，投资者所承担的高风险可想而知。因此，比起风险投资来，天使投资的投资期越早，潜在风险越高，而预期收益也越大。

第四，天使投资的投资成本偏低。与风险投资相比，天使投资的投资成本更低一些。天使投资与风险投资的最大区别在于：风险投资家主要是投别人的钱，而天使投资家则是投自己的钱。投别人的钱，自然受别人的监督与控制，而监督与控制会提高以代理成本为主的交易成本。而投自己的钱，代理成本趋于0，交易成本也可大大降低。典型的风险投资的运作往往采取有限合伙制。在有限合伙制下，投资者是有限合伙人即LP（Limited Partner)；而风险投资家则是资金管理者，是一般合伙人即 GP（General Partner)。由于投资者不是投资管理者，必然产生管理监督成本，这种成本可以用代理关系阐述。简而言之，由于风险投资家是管理别人的钱，他们与投资者之间形成委托代理关系，产生委托代理成本。而天使投资家是投自己的钱，天使投资在这个层面不产生委托代理成本。这一点就使得天使投资的投资成本相对较低。

第四节　风险投资尽职调查

对风险投资来说，每个风险投资决策之前都必须经历一个严格的审查过程。从选择投资项目到最后签订投资协议，一般要经过项目的筛选、尽职调查、项目评估等阶段，最终以投资协议方式决定如何投资及投资多少。在这个审查过程当中，尽职调查（Due Diligence）是其中最为重要的一个环节。错误的风险投资决策往往是由于人们没能遵守那些常规的准则，也就是我们常说的“尽职调查”。

对风险投资家，他们所面对的情况常常是这样的：他们只能凭借一个“概念”（创意）而做出投资决定，或者出资仅仅是因为对创业者个人能力的充分信任。因此，人们常常会问，尽职调查究竟能做什么？毕竟，人们总会认为投资之前的调查，不论做得多么详尽，也没办法看清一个企业的真实情况。因为“家丑”都是不能对外人讲的，所以在风险投资家付出真金白银之前，就不要希望能获得所有的信息。也就是说，非得等到第一次董事会召开，投资人才有可能知道目标企业究竟是个什么样子。这种说法确有道理。所以，在尽职调查的过程中，投资人必须考虑到这种信息“不尽完美”的情况，这是风险投资家不得不接受的一个现实。

尽职调查，又称为谨慎性调查，是指投资人在与目标企业达成初步合作意向后，经协商一致，投资人对目标企业一切与本次投资有关的事项进行现场调查、资料分析的一系列活动，包含财务尽职调查及法律尽职调查等。在风险投资家对创业企业提供的创业计划书进行初步筛选的前提下，对其中有意向的创业企业展开进一步的接触；在协商一致的前提下，将对拟投资企业进行尽职调查，以全面了解创业企业基本情况及发展前景，为做出投资决策提供依据。

尽职调查一般应当遵循以下几个原则：

第一，全面原则。首先，调查内容要全面。不仅要对创业企业的组织情况，涉及企业的权利、义务进行调查，还要对企业的劳动人事以及相关股东等进行调查。其次，调查者也必须调集所有材料（如果有的话）。例如，针对拟投资企业的股权结构，调查者除了审阅拟投资对象当前的工商营业执照之外，还要查阅公司章程、股东出资证明书、出资协议、验资报告、股份转让协议、股权变更登记等一系列文件。

第二，透彻原则。以科技创业者的专利为例，投资者不仅需要了解其是否拥有专利权，还要了解其是专利权还是专利申请权、是否存在权属上的纠纷、有效期间、专利权的地域范围以及专利许可情况等内容。调查者不仅要对有关的文件资料进行详尽的审核，还要对被调查者与相关当事人、政府机构和中介机构等进行调查和沟通。例如，创业企业的关键员工若属于从同行业其他单位跳槽过来的，就需要了解其与原单位合同关系是否已经了结，是否与原单位有竞业禁止的约定等。而且，单凭员工个人提供的信息显然不能确保真实，因此，还有必要向原单位进行调查和了解。

第三，区别对待原则。针对不同的企业，法律尽职调查应该有所侧重。首先，对处于不同发展期的企业，调查重点不同。就处于种子期的企业而言，因为其法律关系十分简单，所以重点应集中于其创业团队、知识产权等领域。而对于比较成熟的企业，尤其是 Pre-IPO 项目，因为其成立时间相对较长，其牵涉的法律关系也更加复杂，隐藏的风险点也就更多，因此就应该全面调查。其次，行业不同也决定了风险投资法律尽职调查的不同。在高科技领域，知识产权是决定企业发展的核心问题，若知识产权归属不清或者存在权属争议，则可能导致整个企业的核心竞争力缺失，甚至连企业存在的基础也将丧失。曾有这样一则案例：一家由归国留学人员所创办的企业，其所用的技术均为该归国留学人员曾经工作单位的专有技术。公司产品一经面世，国外公司立即提起诉讼，公司随之倒闭，风险投资机构的投资也付诸东流。最后，企业背景不同，也要求法律尽职调查的重点不同。企业设立之初即为股份制企业的，其股权结构相对清晰，因此调查重点应集中于公司治理结构。而对于那些改制为股份公司的企业，改制是否规范、改制文件是否齐全、相关利益主体的利益是否已经妥善解决，则是必须要关注的问题。对于民营企业，则要重点关注其内部制度的规范性，公司的股权架构，公司与自然人之间的借贷、关联交易等因素。

第四，独立原则。这是指风险投资机构能够独立地进行尽职调查并作出自己的判断，风险投资机构和尽职调查人员均保持独立。

在尽职调查的内容上，风险投资机构不仅应仔细地参观企业，与企业的中高层管理人员交谈，还要发给企业一份从几页到几十页不等的尽职调查清单，要求公司提供企业的历史变更、重大合同、财务报告、财务预测、各项细分的财务数据，以及客户名单、供应商名单、技术及产品说明和成功案例分析，等等。风险投资机构可能还要进一步咨询创业企业的供应商、客户、律师和贷款银行，乃至管理人员过去的雇主和同事。风险投资机构甚至还要去调查提供上述信息的有关人员，以确定其提供的信息是否可靠。表 8-1 给出了对一个软件科技创新企业进行尽职调查的一般内容示例。

表 8-1　尽职调查的一般内容

尽职调查的一般内容	创业计划书 技术考察 管理层演说 现场考察 与其他相关人员的沟通 竞争形势分析 财务状况分析 企业资质审查 投资谈判

续表

（一）创业计划书	内容 远见 商业模式 营销策划 技术目标 财务规划
（二）技术考察	技术架构 　操作系统 　关联式数据库 　　应用代码 　　开发环境 　资源 　预算 　资本支出 　　开发费用 　　运营费用 　　维护费用 　员工 　　外部员工 　　内部员工 　　以往的表现 　财务状况 　开发进展 　既往经验
（三）管理层演说	发音是否清晰 内容是否有说服力
（四）现场考察	总部 分支 第一印象 企业文化
（五）与其他相关人员的沟通	管理层：前任雇主，老板，同行，下属，董事会成员，顾问，竞争对手，行业分析员 客户：现有客户，先前的客户，目标客户 其他关系：审计师，法律顾问，银行，投资者

续表

（六）竞争形势分析	市场份额 增长势头 差异化 消费者购买动机——必需品还是奢侈品 销售周期 定价策略
（七）财务状况分析	实际 VS. 预期 销量分析 杠杆分析（经营杠杆，财务杠杆） 竞争分析（利润，研发，分销，ASP，企业整体）
（八）企业资质审查	审计报告和管理层报告 相关法律文书（诉讼案件，经营许可证，合同，分销协议，雇佣协议，员工福利，股权协议，股票期权，融资协议，股东持股明细，销售合同） 相关监管文书（许可证，FDA 许可证，环境许可证） 知识产权（专利，版权，商标） 保险（责任险，关键雇员保险，董责险，过失责任险） 租约（房产租约，设备租赁合同）
（九）投资谈判	条款 法人代表 材料准备 完成调查 再审核

第五节　风险投资的退出

风险投资这一行，最终是以项目退出的成败论英雄的。而且，对风险投资来说，一个项目的成功退出以及可以预测的投资回收期，无论对于他们进行风险资本的后续投资，还是对于他们对自己的投资组合进行风险控制都是十分重要的。风险投资的退出通常有三种形式，即公开上市退出、并购退出、清算或破产。

一、公开上市退出

公开上市退出是指风险投资所投企业经过培育，符合公开上市标准的情况下，经过必备程序在证券市场挂牌交易，进而实现股权转让的退出方式。公开上市的场所可以是主板市场（如果风险企业符合主板市场上市标准，如我国上海证券交易所的主板市场），也可以是二板市场（包括各种形式的为中小成长型企业提供金融服务的市场，如我国深圳证券交易所的中小企业板市场和创业板市场，以及新近成立的上海证券交易所的科创板市场）。公开上市退出方式由于增值潜力巨大，因而成为风险投资的首选退出方式。

公开上市退出包括两个环节：一是公开上市环节；二是股权变现（转让）环节。上市环节是公开上市退出的前提，通过这一环节，风险投资机构的股权具有了市场价格，具备了变现的基础。在没有挂牌上市前，风险企业的股权价值增值只是潜在的，而风险企业一旦上市成功，就使风险企业的股权潜在的价值显性化。上市环节就是风险企业股权潜在价值显性化的过程。不过，它只是一个价值发现的过程，风险投资还必须通过在公开市场上出售风险企业的股权才能够实现价值。这一价值实现过程即股权变现环节，或者是股权出售环节。风险投资持有的股权的出售，并非任意为之，还必须符合政府有关法律，必须考虑政府对股权转让的有关限制问题。例如，一些国家的证券交易法规就涉及对发起人、股东、大股东、内部人员等所持公众公司股份的转让的限制性规定。除了股权的限制性转让问题外，像资本利得税问题、变现时机选择问题等也是风险投资在变现时必须要考虑的问题。

二、并购退出

现实当中，风险企业能够实现公开上市的毕竟只是少部分，很多情形下，风险投资是通过并购市场实现股权转让，进而实现成功退出的。

并购市场是一个具有悠久历史的市场，而且这一市场是无形市场。企业之间的并购行为是不同企业间的发展不平衡以及企业战略实施的必然结果。风险投资通过并购方式退出，其依据并购主体的不同，可以分为企业自身对风险资本股权进行的收购——通常是管理层收购（MBO），以及企业外部收购。

在第一种情形下，风险企业或风险企业家购买风险投资持有的股权，这一方式也被称为“股份回购”，其有两种形式：一是协议回购，二是管理层收购（MBO）。协议回购是指按照风险投资协议的规定，在投资期满后，由被投资企业购回风险投资机构所持有的公司股票。这种退出方式降低了风险投资者的风险，保障了风险投资至少可以收到协议回购价格的收益，因而许多风险投资机构都选择这种方式退出。同时，对于风险企业来说，当企业在风险资本的帮助下获得较大的发展后，企业家回购企业的股权可以重新得到已经发展壮大了的企业的所有权和控制权，这是许多风险企业家非常欢迎的事情。管理层收购（MBO）是当风险企业的管理人与风险投资机构发生分歧，或者投资协议中约定的风险企业家收购条款发生时，风险企业家常常通过杠杆方式收购风险投资持有的股权，从而实现风险投资的退出。当前，这种风险投资的退出方式越来越多见。

在第二种情形下，则会有外部新投资者的加入，其具体又可以分为两种：一般购并和第二期购并。一般购并主要是指公司间的收购与兼并，即由一家对风险企业有兴趣的一般公司出面收购风险投资的股权。一般公司并购风险企业，或是为了获取相关领域的新技术，或是为企业转型而着力开拓新行业。第二期购并是指由另一家风险投资公司收购，接手第二期的投资。通过这种方式，风险企业的股权实现转移，原来的风险投资得以退出。

有统计显示，在风险资本退出方式中，股份回购占38%，一般购并占23%，第二期购并占9%，其在总量上超过了公开上市退出方式，但是并购退出在收益率上低得多，仅约为公开上市的1/5。

三、清算或破产

清算也是风险投资退出企业的一种方式。当风险企业经营不成功，风险投资家确认企业没有了挽回余地或无法提供预期回报时，通常采用这种方式。

清算主要涉及两种情况：一是风险企业解散时清算，主要是由于触发风险企业解散条款的情形出现，或者股东同意解散，以及法律要求解散等情况下进行的清算行为；二是在经营困难甚至资不抵债的情况下的破产保护清算。实际上，有相当大部分的风险投资并不成功，风险投资的巨大风险就反映在高比例的投资失败上，越是处于早期阶段的风险投资，失败的比例就越高。在公司经营状况不佳且难以扭转时，解散或破产并进行清算可能是最好的止损办法。

毫无疑问，清算退出是痛苦的，但是在很多情况下是必须断然采取的方案。因为风险投资的风险很大，同时投资收益又必须予以保证，如果不能及时从失败投资中抽身而出，只能带来更大的损失。即使风险企业仍能正常经营，但如果成长缓慢、收益很低，风险投资机构一旦确认风险企业没有发展前途，也需要果断行动，立即退出。因为沉淀在这一类公司中的投资资本的机会成本巨大，风险投资机构一般不能够承受这样巨大的机会成本。

风险投资的退出是风险资本运行过程中不可或缺的重要环节，退出机制是否健全是风险投资是否健康成长的重要因素，因此每一个国家应根据自身国情构建起适合自己的风险投资退出机制，以促进风险投资的发展。

第九章　科技成果转化过程中的评价

第一节　评价理论基础

在科技成果转化活动中，存在多种类型的要素。在各要素融合的过程中，评价承担着价值发现的功能，对促进各要素的高效融合具有重要的作用。

评价是指评论价值的高低。从哲学范畴来说，价值是指客体满足主体需要或主体需要被客体满足的效用关系。而评价是价值认识的特殊形式。价值评价是把主体自身需要的内在尺度引进认识中，运用于客体，对主客体之间的价值关系进行评判。由此可见，在评价时，首先要厘清谁是价值主体、谁是价值客体以及价值主体的需求是什么等基本问题。

一、评价需求提出方和评价对象

评价无处不在，在科技成果转化过程中亦是如此。价值主体就是提出评价需求的一方，而价值客体就是评价对象。科技成果转化各要素要与其他要素融合，就需要评价对方的价值，从而做出恰当的决策。因而所有的人员要素均有评价需求，可能会成为价值主体。同时，所有的要素也可能会成为被评价的对象，成为价值的客体。评价需求的提出者与评价对象是相对应的。在实操中必须要针对某一次评价需求，分清此时的价值主体和价值客体，明确评价目的和评价对象。

根据“核心-催化”理论，核心三要素的融合是科技成果转化的难点问题和首要解决的问题。在核心三要素融合过程中存在的评价关系类型如表 9-1 所示。表中的 A、B 和 C 分别表示不同的评价需求提出方，而 1、2 和 3 分别表示不同的被评对象。它们组合到一起就表达了某次评价中价值的主体和客体的组合形式。例如，A1 类型的评价是指研发方对合作研发方的评价，这种评价在本书第三章第二节中所介绍的技术转移模式 M4 中就会出现，研发人员自评也属于这种类型的评价；B1 类型的评价是指实施方对合作研发方的评价，这种评价在第三章第二节中所介绍的技术转移模式 M1、M3 中都会出现；C1 类型的评价是指投资方对合作研发方的评价，这种评价在第三章第二节中所介绍的技术转移模式 M1 和 M2 中都会出现。其他的评价类型也是一样的道理。借助表 9-1 可以根据科技成果转化活动中的实际情况，快速地定位价值的主体和客体，从而发现价值所在。

表 9-1　核心三要素融合过程中存在的评价关系类型

需求方	被评对象		
	1. 研发方	2. 实施方	3. 投资方
A. 研发方	A1	A2	A3
B. 实施方	B1	B2	B3
C. 投资方	C1	C2	C3

评价需求提出方肯定是人，但是评价对象可能是人也可能是技术。例如在高校科研人员与企业以技术许可的方式共同实施某项技术的案例中，企业需要对合作方进行评价。此时，企业是评价需求提出方，企业需要知道合作方的人员水平，同时也需要知道待许可技术的水平，评价对象为科研人员和待许可的技术。

二、价值主体的需求

评价过程中价值主体的需求具有多样性。价值主体有个体、群体和社会等多种形式，因而价值主体的需求可以分为个体需求、群体需求和社会需求。不同个体对评价对象价值属性的需求有共性的需求，也有个性的需求。群体需求则是多个具有相同需求的个体所形成群体的共性需求。社会需求则是在整个社会范围内绝大多数人所具有的共性需求，相当于更大范围的群体需求。对于科技成果转化过程中评价体系的研究来说，满足所有需求是理想的目标。而现实的目标则是优先解决群体需求，尽可能兼顾个体的个性需求。

表 9-1 所列的评价关系类型都是基于不同群体建立的评价关系。在评价实操过程中，应在确定价值主客体双方后，根据各自的特点，明确价值主体的需求。价值主体的需求与我们常说的评价目的有重叠部分，例如技术交易、科技奖励和项目管理等都可以是价值主体的需求。但是，仅分析到这个层面还不够细致，还不能满足实际操作的需要。例如，在高校科研人员将科技成果转让给生产类企业这种科技成果转化模式中，即在 A+E 模式中，企业同时具备实施和投资功能。企业对合作方的评价目的总的来说是技术交易，再细分的话可以发现企业更为细致的需求。例如，企业想知道待合作技术已经发展到什么阶段了，即了解技术的成熟度；想知道待合作技术的创新点有哪些，即了解技术的创新度。由此可见，价值主体的需求是对评价对象进行评价时确定评价指标的重要依据。因而，只有把价值主体自身需要的内在尺度引进认识中，与评价对象的相关属性相结合所建立的指标体系才是有用的指标体系。

在科技成果转化过程中进行评价时，价值主体的需求并不一定是合理的、可实现的，要注意判断，否则很容易导向错误的方向。在实际科技成果转化活动中，有的技术买方在筛选科技成果时提出想要“没有转化风险的技术”，这就是一个不合理的需求。因为科技成果都是创新的成果，在实际转化过程中都存在风险，而所有的商业化行为本身也是存在风险的。一旦以这种需求作为评价的导向，评价结论就会失真，最终是无法实现的。如果将需求改为“筛选转化风险低的技术”，则是合理的需求。

三、评价指标的选取与类型

在科技成果转化过程中，评价对象可能是人也可能是某项技术。评价对象的属性有若干，但并不是每个属性都与科技成果转化有密切关系。只有与科技成果转化过程中各主体的需求产生直接或间接联系的属性才会成为评价的指标。因而评价指标体系的设计过程实际上就是将价值主体的需求与评价对象属性相关联的过程。考虑到评价成本和可实现性等因素，在实操中评价指标并非越多越好，而是在满足主体需求的前提下，越少越好。

根据指标值的精度，评价指标可以分为定性指标、定量指标和相对定量指标。

定性指标是指不能直接量化而需通过其他途径给出结论的指标。定性指标的评价结论不存在明确的量的变化，展现形式简单，可用于简单的分类。在科技成果转化过程中，常见的定性指标有市场前景、转化风险等，其常见评价结论为“该技术的市场前景好”“该技术的转化风险高”等。由于定性指标无法像定量指标那样精确地加以衡量和考核，因而对定性指标的评价往往是凭评价人员或专家的主观经验，容易出现评价结果的偏差，不能真实反映被评技术的实际情况。在评价多项技术时，仅使用定性指标无法在技术之间形成评价梯度，不利于技术的细分化转化。

定量指标是指以数值形式给出结论的指标。定量指标的评价结论以数值的形式展示，能够连续地反映该指标的变化，可以非常精确地衡量不同技术在该指标维度的价值。在科技成果转化过程中，常见的定量评价结论有经济效益等。由于定量指标值非常精确，因而要求评价的方法和证明材料等都是精确的，能够满足量化该指标的要求。

相对定量指标是指以等级方式给出结论的指标。相对定量指标的等级是以数字的形式展示，有着定量指标的特点，但又与定量指标不同。相对定量指标与定量指标最根本的区别在于：定量指标的数字是连续变化的，每个点都能实际评价得到，都有实际意义；而相对定量指标的等级数字所代表的是一个范围，在这个范围中的点是无法再进行区分的。例如，在科技成果转化过程中，常见的相对定量评价结论成熟度是以等级的形式展示的，成熟度 6 级是有实际意义的，但是成熟度 6.1 则是没有实际意义的。相对定量指标的精确度介于定性指标和定量指标之间，比定性指标衡量得更细致，比定量指标更容易评价。

定性指标、定量指标和相对定量指标各有特点，这三种类型不存在单纯好与坏的区别。在实际设计指标体系时，评价人员要针对价值主体不同的需求选择合适的指标类型。同时，指标类型的选取还应考虑评价方法的可实现程度，明确该指标能不能定量以及能定量到什么程度。在同一个评价指标体系中，这三类指标可能同时出现。

四、评价实施的流程

科技成果评价的实施流程主要包含证据收集、证据整理、证据分析、形成结果和撰写报告五个环节。

①证据收集。评价证据是指用于测量关键评估指标或回答关键评估问题的数据、事实和观点等。评价证据是否充分是评价结论是否可信和有用的重要前提。常见的证据有产品测试报告、发票、论文、专利等。

②证据整理。初始收集的评价证据非常散乱，质量参差不齐。评价人员应根据评价目的对评价证据进行交叉对比，对证据的可信度进行判断和分类，将证据整理成满足评价基本要求的形式。

③证据分析。该环节是根据不同的评价方法对获得的证据进行分析，从而发现科技成果价值的过程。

④形成结果。该环节是根据不同评价方法给出评价结论，并对结论进行分析，给出相关建议的过程。

⑤撰写报告。该环节是根据前面几个环节的工作内容，形成可以交付的评价报告的过程。

五、评价活动的分类及评价方法

1. 评价活动的分类

（1）自评和他评

根据评价实施方的不同，可以将评价分为自评和他评两种方式。自评的实施方即为评价需求方，他评的实施方为第三方评价机构。在科技成果转化过程中的每一个对象都需要不断地进行价值发现，即评价。这其中大部分评价是自己完成的，即自评。但是，当接触到的评价对象比较复杂时，评价需求方自己不具备评价的能力，则需要借助第三方专业评价机构或人员的评价能力开展评价，即他评。

（2）简评和精评

根据评价指标的多寡，可以将评价分为简评和精评。简评包含的评价指标相对较少，而精评包含的评价指标相对较多。简评所包含的指标少而精，评价周期短，成本低，适合对科技成果进行筛选时使用。精评所包含的指标多，体现的价值信息更全面，但是评价周期长，成本高，适合对根据需求意向筛选后的成果进行更深入的分析。

（3）客观评价和主观评价

根据评价结论是否可以通过证明材料证实可以将评价分为客观评价和主观评价。客观评价又称为可证实的评价，是指其评价结论能够通过相关材料中已知信息证明的评价方式。主观评估又称为引申评价，是指其评价结论无法通过相关材料中已知信息直接证明，而是由相关人员根据主观综合感觉推论或推敲得出结论的评价方式。客观评价结论更可信，但在实际评价中并非所有的评价要求都能通过客观评价来实现。主观评价结论可以在无法实现客观评价的领域中发挥作用。主观评价结论的可信度取决于评价专家的能力和主观倾向。

（4）公允性评价和非公允性评价

根据评价结论的公允性可以将评价分为公允性评价和非公允性评价。公允性评价是指评价结论具备公允性，即被评方和评价结论使用方都认可评价结论。非公允性评价则是指评价结论不具备公允性，即被评方和评价结论使用方中仅一方认可评价结论。这两个类型在科技成果转化中都很常见。例如，科技成果买方开展的自评都是非公允性的，而第三方评价机构开展的评价大部分是公允性评价，小部分也是非公允性评价。

2. 科技评估方法概述

科技评估方法的种类繁多，从技术层面来说可以分为三类，即定性评估方法、定量评估方法和综合评估方法。

定性评估方法是指依靠评估者、专家或科技活动执行者的经验，在主观层面进行判断和评价的方法。典型的定性评估方法包括同行评议、案卷研究、座谈、调查（问卷调查）、实地调研、案例研究、德尔菲法等。

定量评估方法是指通过把评估指标量化，并采用数学、统计学、经济学、运筹学等理论，对评估对象做出定量价值判断的方法。典型的定量评估方法有文献计量法、比较分析法、回归分析法和成本效益分析法等。

综合评估方法是指评估人员采用各种定性和定量的分析，对评估对象做出全局性、整体性评价的方法。典型的综合评估方法有指数法、标杆分析法以及元评价法等。科技成果标准化评价方法和无形资产评价法也属于综合评估法的一种类型。

在本章后面的小节中，将重点介绍与科技成果转化过程中价值发现联系最密切的两种评价方法：科技成果标准化评价方法和无形资产评价法。关于其他评价方法的基本特点及应用范围本书不再详述，感兴趣的读者可以参阅相关参考书❶。

第二节　科技成果标准化评价

科技成果标准化评价是指根据相关评价标准、规定、方法和专家的咨询意见，由科技评估师依据科技成果评价原始材料，通过建立工作分解结构细分化地对每个工作分解单元的相关指标进行等级评定，并得出标准化评价结果的评价方法。科技成果标准化评价的对象是科技成果，或者说是高新技术。评价需求提出方可能是成果完成人，也可能是成果买方。该体系的核心指标以相对定量的形式展示。该体系主要解决的是科技成果转化过程中对科技成果价值属性的判断问题，从而为科技成果转化决策提供重

❶ 国家科技评估中心，中国科技评估与成果管理研究会. 科技评估方法与实务［M］. 北京：北京理工大学出版社，2019.

要的参考。

科技成果标准化评价是以科技成果转化为现实生产力作为最终目标，引导科技成果转化链条上的各要素向着最终转化的方向去努力，回归科技发展的本质目的。本节重点介绍科技成果标准化评价的基本知识，以及该体系中的工具和指标在科技成果转化中的作用和意义，以方便科技成果转化相关人员参考和使用。关于每个指标的详细评价方法可查阅相关参考书❶。

一、科技成果标准化评价方法的发展

科技标准化评价的理念来源于美国。在 20 世纪 50 年代，美国就开始探讨利用标准化评价的理念开展科技项目管理工作。1955 年，美国国防部困惑于如何评价项目的投入产出效果，于是开始研究项目管理的工作结构分解，提出了工作分解结构（Work Breakdown Structure，WBS）的概念。此后，美国在科技标准化评价方面又有了较为深入的研究和应用。1995 年，美国航空航天局（NASA）提出技术就绪水平（Technology Readiness Level，TRL）的概念。2001 年，美国国防部正式采用 TRL 进行技术成熟度测评，形成了更加具体的标准化评价方法。该评价方法构成了现有科技标准化评价的重要基础和基本理念。2005 年，美国国防部颁布《技术就绪水平评估手册》，标志着科技标准化评价的进一步完善。在美国当前的科技项目管理过程中以及技术转移中，标准化评价的理念已经得到了相当广泛的应用。

我国在科技管理方面的标准化评价研究和应用是近十几年才开始的。2009 年国家标准 GB/T 22900—2009《科学技术研究项目评价通则》发布，标志着科技标准化评价在我国正式诞生。2014 年 7 月，科技部发布《关于开展二期科技成果评价试点工作的实施意见》，明确要求在试点范围内不再开展科技成果鉴定，全面实施科技成果评价（涉及国家秘密、国家安全、公共安全等国家重大利益的除外）。明确科技成果评价报告可以作为

❶ 青岛市科技局．科技成果标准化评价理论与实务［M］．北京：知识产权出版社，2018.

科技成果登记和推荐科技奖励的佐证材料，积极推动科技成果评价报告在促进科技成果转化过程中的有效使用。2016 年 8 月，科技部根据《国务院办公厅关于做好行政法规部门规章和文件清理工作有关事项的通知》（国办函〔2016〕12 号）精神，决定对《科学技术成果鉴定办法》等规章予以废止。《科学技术成果鉴定办法》被废止后，根据科技部、教育部等五部委发布的《关于改进科学技术评价工作的决定》和科技部发布的《科学技术评价办法》的有关规定，今后各级科技行政管理部门不得再自行组织科技成果评价工作，科技成果评价工作由委托方委托专业评价机构进行。至此，传统的科技成果鉴定正式退出历史舞台，以市场化方式开展的科技成果标准化评价开始了更为广泛的应用。

2017 年 12 月，国家工信部提出并归口，由国家国防科技工业局协作配套中心等单位起草的国家标准 GB/T 37264—2018《新材料技术成熟度等级划分及定义》正式发布。该标准对于新材料类科技成果的标准化评价工作具有重要的推动作用。2019 年 9 月，全国科技评估标准化技术委员会正式成立。科技部李萌副部长担任该委员会的主任委员。该委员会的工作主要包括提出科技评估领域标准化工作的政策和措施建议，编制科技评估领域国家标准体系，开展国家标准的推荐立项、制修订、审查、宣贯、培训、推广、实施、跟踪、技术咨询和国际化等方面的工作，组织开展相关调研、合作与交流，推动全国科技评估标准化发展。该委员会的成立标志着我国科技评估标准化工作进入快速发展的新阶段。

青岛市作为科技部科技成果评价试点工作一期和二期的试点城市之一，积极研究和探索科技成果标准化评价的新模式。2009 年 10 月，科技部启动科技成果评价试点工作，青岛是首批试点城市之一。青岛市在一期试点的过程中即取消了鉴定，改由第三方机构评价，已经形成标准化评价的基本理念。2014 年 7 月，青岛市成为国家科学技术奖励工作办公室二期科技成果评价试点单位。同年 8 月，青岛市引进巨建国教授团队所创建的科技成果标准化评价体系。同时，青岛市组织高校、科研院所和科技评价机构的科研专家、科研管理专家和科技评估师认真学习并深入研究科技成果标准化评价体系。在原有标准化评价理论体系基础上，青岛市首次提出了创新度和先进度的概念；在评价实践的基础上，建立了创新度和先进度的评判标准和评价方法，并且充实到标准化评价体系中，形成了一套更加实用的标准化评价体系。2017 年 2 月，青岛市服务业标准规范 DB 3702/FW KJ 003—2017《科技成果标准化评价规范》正式发布。2018 年 2 月，青岛市科技局组织编写了《科技成果标准化评价理论与实务》一书。该书系统介绍了青岛市在全国先行先试所取得的成效——科技成果评价服务的“青岛模式”，包括该新型科技成果标准化评价体系的基本理论、评价方法、案例及相关政策等。2019 年 5 月，青岛技术市场服务中心作为第一起草单位，协同全国十几个省市的 30 多个评价相关机构，起草了中国标准化协会团体标准 T/CAS 347—2019《应用技术类科技成果评价规范》。该标准的发布意味着“青岛模式”科技成果标准化评价体系具备了在全国范围内应用的标准基础。2020 年 8 月，科技部科技评估中心作为第一起草单位起草了中国科技评估与成果管理研究会团体标准 T/CASTEM 1003—2020《科技成果评估规范》。该标准对科技成果标准化评价体系提出了更为严谨的要求。

二、科技成果标准化评价的特点

与传统的鉴定相比，科技成果标准化评价主要有以下几个特点：

①科技成果标准化评价采用“关键证据法”，根据标准进行评价，评价过程以客观评价为主，主观意见为辅，评价结论的可信度高。而传统的鉴定是主观意见为主，而客观材料为辅。

②科技成果标准化评价的评价过程是透明的，全程可追溯的，因而评价结果是可以复核的。而传统鉴定结论是难以复核的。

③科技成果标准化评价结论通过不同维度的指标以相对定量的形式展示科技成果的价值属性，与科技成果转化过程中科技成果价值主体需求的关联更加密切。而传统的鉴定结论仅为“国际领先”“国际先进”等类似的抽象概念，在科技成果转化中的意义不明显。

④科技成果标准化评价是以细分化评价为主，展现价值属性更细致。而传统鉴定则是以整体评价为主。

⑤科技成果标准化评价的实施主体是市场化的第三方机构。政府不直接参与具体科技成果的评价，而是以放管结合，服务为主的方式，从宏观上引导科技评价工作的发展。而传统的鉴定则是行政化主导的。

三、工作分解结构

1. 概述

如前所述，在20世纪50年代，美国国防部针对如何评价投入产出效果研究并提出了工作分解结构的概念。经过多年的发展，工作分解结构的理念现已经在欧美全面推广使用，几乎所有的科研项目招标都离不开它。

工作分解结构（Work Breakdown Sturcture，WBS）是指一种将可交付成果的项目元素分组，这个分组组织并定义了全部的项目工作范围。每下降一级都表示一个更加详细的项目工作的定义。工作分解单元（Work Breakdown Element，WBE）是指在工作分解结构中能够独立表达、独立测量、独立评价的基本单元。

在我国，工作分解结构也得到了一定程度的推广和应用，尤其是在国防领域和软件工程等领域的项目管理中得到了较为广泛的应用。1994年，我国颁布了国家军用标准GJB 2116—1994《武器装备研制项目工作分解结构》，给出了武器装备研制项目工作分解结构的编制和使用要求，规范了武器装备研制项目的实施。工作分解结构在我国得到了一定程度的发展，但是还处于应用的初级阶段。

在科技成果标准化评价体系中，工作分解结构是其中的一个重要工具。在成熟度和创新度的评价中，都要结合工作分解结构展示科技成果的评价信息。工作分解结构的存在使科技成果标准化评价体系实现了细分化评价，提升了评价结论在指导项目管理和科技成果转化中的作用。

2. 工作分解结构示例

工作分解结构常见的展现形式主要有树状图形式、列表形式和气泡图形式等。本部分主要介绍科技成果标准化评价中常用到的前两种展示形式。

（1）树状图形式

树状图形式是按照项目的分解层次将整个项目表现出来。这种形式的优点是层次分明，能非常直观地反映项目全貌。适合初学者快速了解项目基本架构。缺点是无法详细展示每个 WBE 的信息。而且对于大型和特大型项目来说，建立 WBS 和阅读 WBS 都存在若干难以解决的困难。

下面以“新汽车开发项目”为例[1]来介绍工作分解结构的展示形式和工作分解结构建立的基本原理。

当项目总负责人面对一个“新汽车开发项目”时，首先根据汽车的结构特征，将项目分为底盘、发动机、车身和电气设备四部分，每一部分设立一个项目组，每个项目组根据要求负责研发或采购相应的部分。每个项目组的负责人在安排任务时也要明确分工，以发动机组为例来说明。汽车发动机由两大机构五大系统组成，包括曲柄连杆机构、配气机构、燃料供给系、冷却系、润滑系、点火系和起动系。发动机组的负责人会成立七个子项目组负责研发或采购相应的部件。根据实际工作需要，每个子项目组的负责人还可以继续分解，直到将每项工作都落实到具体的人员。经过这样的工作分解，“新汽车开发项目”这个任务就由整体变成可以落实到具体人员的简单任务。该任务的分解过程就是工作分解结构的建立过程，将该任务分解形成的框架图列出来即为该项目的树状图形式工作分解结构，如图 9-1 所示。

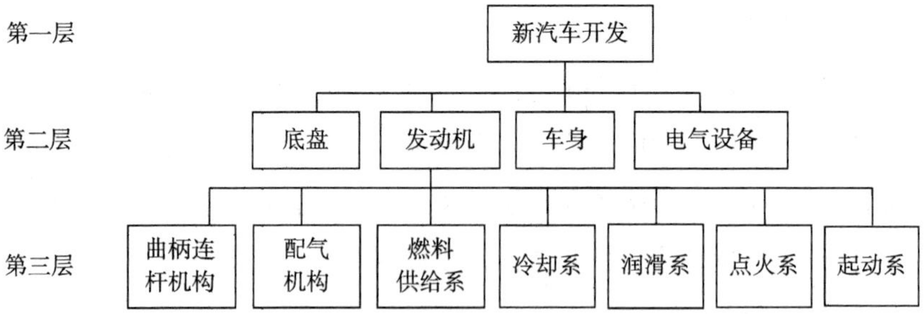

图 9-1　简化版“新汽车开发项目”树状图形式的工作分解结构

[1] 限于篇幅的原因，此处只用一个简化版的工作分解结构作为示例。

(2) 列表形式

列表形式是指用表格的形式来表达项目范围和层次结构。这种形式的优点是能反映项目全貌，而且每个工作分解单元后面都可以对应添加相关信息，特别适合于在标准化评价中应用。该表现形式的缺点是不够直观，需要结合着编号理解项目的结构层次。表 9-2 用列表的形式展示与图 9-1 相同项目的工作分解结构。在表 9-2 中除表达整个工作分解结构外，还增加了每个工作分解单元的类型。在实际操作中，还可以增加更多的列，从而可以表达更多的信息。在科技成果标准化评价中，大都采用列表形式展示工作分解结构。

表 9-2　简化版“新汽车开发项目”列表形式的工作分解结构

编号	WBE	交付物类型
1	新汽车	硬件
1.1	底盘	硬件
1.2	发动机	硬件
1.2.1	曲柄连杆机构	硬件
1.2.2	配气机构	硬件
1.2.3	燃料供给系	硬件
1.2.4	冷却系	硬件
1.2.5	润滑系	硬件
1.2.6	点火系	硬件
1.2.7	启动系	硬件
1.3	车身	硬件
1.4	电气设备	硬件

3. 工作分解结构的意义

WBS 是项目管理众多工具中最有价值的工具之一，它给予人们解决复杂问题的思考方法——化繁为简，各个击破。在科研项目管理中，WBS 同样能够发挥重要的作用。WBS 的基本原理是在同时满足上一级和下一级需求的前提下，给出一个科研工作的基本秩序。这个科研工作的基本秩序为每一个 WBE 提供一个唯一坐标，相当于一个人的身份证，便于科研全流程的管理。通过 WBS，项目团队得到完成项目的工作清单，从而为日后制定项目计划时工期估计、成本预算、人员分工、风险分析、采购需求等工作奠定基础。WBS 有六个具体作用：

①WBS 能保证所有任务都识别出来，并把项目要做的所有工作都展示出来，不至于漏掉任何重要任务，便于科研任务的完成。

②WBS 清晰地给出可交付成果，明确具体任务及相互关联，为不同层级的管理人员提供适合的信息。高层管理人员处理最终交付物，一线主管处理 WBE 的交付物，使项目团队成员更清楚任务的性质，明确要做的事情。

③容易对每项分解出的活动估计所需时间、所需成本，可应用于计划、进度安排和预算分配，也可将小工作包的预算与实际成本汇总成更大的实际元素。

④通过 WBS，可以确定完成项目所需要的技术、人力及其他资源。

⑤WBS 为管理人员提供计划、监督和控制项目工作的数据库，能够对项目进行有效的跟踪、控制和反馈。

⑥WBS 定义沟通渠道，有助于理解和协调项目的多个部分。WBS 可以显示工作和负责工作的组织单位，使问题可以得到很快的处理和协调。

四、评价指标

在科技成果转化中常用的科技成果标准化评价指标有技术成熟度、技术创新度、技术先进度、经济效益和项目团队等指标。这些指标在借助工作分解结构展示以及标准化评价方法的梳理后，能够反映科技成果与转化有关的若干价值属性。下面重点介绍科技成果转化过程中常用到并且评价时需深入理解的三个指标。

1. 技术成熟度

（1）定义及等级划分

技术成熟度是指在以技术服务于生产作为技术成熟标志的前提下，科技成果在被评价时所处的发展阶段。通常用等级表示，共分为 13 级。

在科技成果标准化评价体系中，技术成熟度等级的划分更为细致，与科研过程的对应更为准确，其等级划分的基本定义如表 9-3 所示。技术成熟度共分为 13 个级别，每个级别都有一个简称和明确的定义。其中，1~9 级的等级定义来源于美国，表达技术研发阶段的成熟度；10~13 级的等级定义是由巨建国等提出，表达技术市场推广阶段的成熟度。1~9 级和 10~13 级是连续发展的，但是是相互独立的，分别展现不同的含义。在科技部科技评估中心等单位起草的《科技成果评估规范》中，成熟度的等级只有 1~9 级，与当前国际上通用的成熟度等级一致。为了方便读者了解更多信息，本书按 13 级介绍技术成熟度。

表 9-3　技术成熟度等级划分的定义❶

级别	简称	定义
第 13 级	回报级	收回投入稳赚利润
第 12 级	利润级	利润达到投入的 20%
第 11 级	盈亏级	批产达到±盈亏平衡点
第 10 级	销售级	第一个销售合同回款
第 9 级	系统级	实际通过任务运行的成功考验
第 8 级	产品级	实际系统完成并通过实验验证
第 7 级	环境级	在实际环境中的系统样机试验
第 6 级	正样级	相关环境中的系统样机演示
第 5 级	初样级	相关环境中的部件仿真验证
第 4 级	仿真级	研究室环境中的部件仿真验证
第 3 级	功能级	关键功能分析和实验结论成立
第 2 级	方案级	形成了技术概念或开发方案
第 1 级	报告级	观察到原理并形成正式报告

从级别定义的基本原理来说，这 13 个等级的定义与传统技术发展阶段的划分基本一致。两者大致的对应关系是：1~3 级为理论研究阶段；4~6

❶ 摘自巨建国等编著的《科技评估师职业培训教材》（内部培训教材）。

级为实验室应用研究阶段；7~9 级为工业化生产研究阶段；10~13 级为市场推广阶段。对于每一个传统的发展阶段，技术成熟度都进行了进一步的细分，有利于使成熟度评价的结果更加准确。

（2）在标准化评价报告中的展示方式

技术成熟度在科技成果标准化评价报告中的展示方式如表 9-4 所示。技术成熟度要结合着工作分解结构进行评价。要根据证明材料确定每个工作分解单元的成熟度等级，以确保评价结论的可信度。

表 9-4　技术成熟度评价表

编号	WBE	交付物类型	成熟度等级	证明材料
1	新汽车	硬件	6	[1]
1.1	底盘	硬件	9	[2]
1.2	发动机	硬件	6	[3]
1.2.1	曲柄连杆机构	硬件	9	[3]
1.2.2	配气机构	硬件	9	[3]
1.2.3	燃料供给系	硬件	6	[3]
1.2.4	冷却系	硬件	9	[3]
1.2.5	润滑系	硬件	9	[3]
1.2.6	点火系	硬件	9	[3]
1.2.7	启动系	硬件	9	[4]
1.3	车身	硬件	9	[5]
1.4	电气设备	硬件	7	[6]

（3）意义

技术成熟度最基本的意义在于度量科技成果当前的发展阶段到服务于实际生产的距离。李克强总理要求我们“打通科技成果转化的‘最后一公里’”。由此我们需要思考，是所有的科技成果距离最后转化都只差“最后一公里”吗？还是说有的差“最后一公里”，有的差“最后两公里”，还有的差“十万八千里”？显然是后者！那么问题又来了，如何测量这种距离呢？还差几公里只是个比喻，要想让总理的指示落地，必须要有度量这种距离的工具。技术成熟度就是这样一个工具。

技术成熟度与科技成果的可转化风险也有密切关联。技术成熟度的等级越高，技术到服务于现实生产力的距离就越短，可转化风险也就越低，这是技术成熟度的增加有利于技术投资的一个方面。

技术成熟度与科技成果的交易价格也有较强的关联。技术成熟度增加时，研发投入也在不断增加，因而对于同一项技术来说，成熟度级别越高，仅从成本的角度来考虑，交易价格会越来越高。

2. 技术创新度

（1）定义及等级划分

技术创新度是指在特定地域和领域中，科技成果创新点有无的情况。通常用等级表示，共分为 4 级。技术创新度等级定义如表 9-5 所示。

技术创新度的等级是以技术创新性“此有彼无”的本质特点为基础，结合创新点“此有彼无”的地域范围和专业领域范围划分而成。其中，地域范围主要分为国内范围和国际范围；专业领域范围分为本领域内和本领域外。

表 9-5　技术创新度等级定义

等级	定　义
第 4 级	该技术创新点在国际范围内，在所有应用领域中都检索不到
第 3 级	该技术创新点在国际范围内，在其当前应用领域中检索不到
第 2 级	该技术创新点在国内范围内，在所有应用领域中都检索不到
第 1 级	该技术创新点在国内范围内，在其当前应用领域中检索不到

（2）在标准化评价报告中的展示方式

技术创新度在科技成果标准化评价报告中的展示方式如表 9-6 所示（表中多个 * 号代表不同的创新点）。评价技术创新度时，要结合工作分解结构展示创新点。同时需要通过证明材料确定每个工作分解单元的创新点。技术创新度的等级根据查新报告和专家的意见确定。

表 9-6　技术创新度评价

编号	WBE	是否有创新	创新点描述	证明材料
1	新汽车	/	/	
1.1	底盘	无	/	
1.2	发动机	有	***************	[7] [8]
1.2.1	曲柄连杆机构	无	/	
1.2.2	配气机构	无	/	
1.2.3	燃料供给系	有	***************	[7] [9]
1.2.4	冷却系	无	/	
1.2.5	润滑系	无	/	
1.2.6	点火系	无	/	
1.2.7	启动系	无	/	
1.3	车身	有	***************	[7] [10]
1.4	电气设备	有	***************	[7] [11]

（3）意义

从定义来看，创新度主要是用于评价创新点“此有彼无”的情况，而级别的高低则体现着“此有彼无”的范围大小，级别越高，范围越大。说明该创新点在更大范围内是独一无二的。将技术的创新点结合 WBS 进行展示，明确了该技术的重点研发模块及在其整个项目中的层次，使评价结果的使用者能够快速准确地获得技术创新方面的重要信息。

一方面，通过创新度可以判断科技成果潜在价值的相对大小，创新度越高，潜在价值越大。需要注意的是，单从创新度一个指标中所获得的价值大小只是潜在的，只有结合其他指标一起判断才能更加准确。另一方面，创新度能够判断技术可实现风险的相对大小，创新度越高，可实现风险越大。由此可见，价值与风险是并存的，这恰恰是科技成果在转移转化中最真实的性质。

明确科技成果的创新点对于科技成果转化产品的商业宣传是有帮助的，能够满足人们对新事物的好奇心理。创新度高的技术一旦实现了，易于形成蓝海市场。

3. 技术先进度

（1）定义及等级划分

技术先进度是指科技成果应用所产生的作用或效果所处的水平。通常用等级表示，共分为 7 级。技术先进度等级定义如表 9-7 所示。

表 9-7　技术先进度等级定义

等级	定　义
第 7 级	在国际范围内，该成果的核心指标值领先于该领域其他类似技术的相应指标
第 6 级	在国际范围内，该成果的核心指标值达到该领域其他类似技术的相应指标
第 5 级	在国内范围内，该成果的核心指标值领先于该领域其他类似技术的相应指标
第 4 级	在国内范围内，该成果的核心指标值达到该领域其他类似技术的相应指标
第 3 级	该成果的核心指标值达到所在行业国内标准最高值
第 2 级	该成果的核心指标值达到所在行业国内标准最低值
第 1 级	该技术成果的核心指标值暂未达到上述任何要求

先进度的“作用和效果所处的水平”是通过将被评技术的核心性能指标与具有相同应用目的的技术对比来体现的。因此，对照技术的水平是体现被评技术先进度水平高低的重要参照物。对照技术一般来说是在一定范围内处于较高水平的技术，而对比之后的结果有超过、达到和未达到几种情况。

在先进度等级定义的 4～7 级中，将参照物分为国际和国内两个范围，对比的结果分为超过和达到。在先进度等级定义的 2～3 级中，选择行业国内标准作为参照物。先进度 1 级是没有达到任何高等级要求的一个级别。从成果评价的角度来说，这种技术是最差的一类，是不值得推广的一类技术。但是从科技项目管理的角度来说，在立项时，项目成果往往处于这种状态，只要其创新点明确，研究基础扎实，未来还是值得期待的。因而，1 级主要在科技项目管理立项时出现。

（2）在标准化评价报告中的展示方式

技术创新度在科技成果标准化评价报告中的展示方式如表 9-8 所示，表中所列信息为某治疗恶性疟疾药物先进度评价的内容。

表 9-8 技术先进度评价

被评成果			对照技术				先进度
指标名	指标值	证明材料编号	名称	级别	相应指标值	证明材料编号	
对恶性疟疾的治愈率	97%	[1]	XX 药物	国际最高	89%	[2]	7
—	—	—	—	—	—	—	—

进行先进度评价时，首先要明确被评技术的应用领域和在该领域发挥的作用，然后要明确体现该作用的核心指标，同时找到证明材料。其次，明确与被评技术有着相同应用目的，并且能够用同一个核心指标来衡量的对照技术。最后，提供对照技术的名称、在国内外所处的级别以及指标值，同时提供证明材料。先进度等级就是根据这些信息对比标准并参考行业专家的意见最终确定的。

（3）意义

对于应用类技术来说，根据其先进度等级的定义可以看出，只有具有实用性并且有明确的应用目的才能给出明确的对比指标值。因而，先进度本身就包含实用性的概念，不实用的应用技术没有先进度。因而，先进度评价更有利于发现高水平的实用技术。

技术先进度便于不同领域技术的水平对比。每项技术的先进度评价都是通过与本领域的相关技术作对比而得到的评价等级，体现的是被评技术相对于本领域其他技术的水平，而这种水平划分方法在不同的领域中又是统一的，因而，不同领域的技术可以进行水平对比。

在商业计划书中，借助先进度的展示方式，可以既清晰又令人信服地展示某项技术与国内外相关技术的参数对比。有助于让投资人快速了解并信任该技术的参数水平，实现与投资人的高效沟通。

技术先进度通过参数的对比确定技术的先进性程度，检测报告、论文和专利等只是作为参数的载体展现在证明材料中，有利于破除“唯论文”“唯专利”等倾向，真正关注于技术的效果和实际贡献。采用技术先进度评价应用类技术成果的水平，易于推动形成良好的科研导向，引导科研人员向着解决工程实际问题、提升技术核心性能参数的方向努力。

五、评价流程

科技成果标准化评价的实施方一般为第三方评价机构，这种评价是具备公允性的。在科技成果转化过程中，该体系也可以由转化链条中的各要素自行实施评价，得到非公允性的评价结论供自己单位内部参考。根据不同的评价目的，评价流程也略有区别。图 9-2 所示为青岛市科技成果标准化评价流程。该流程是由第三方评价机构作为主体来实施评价，所得的评价结论是具备公允性的。

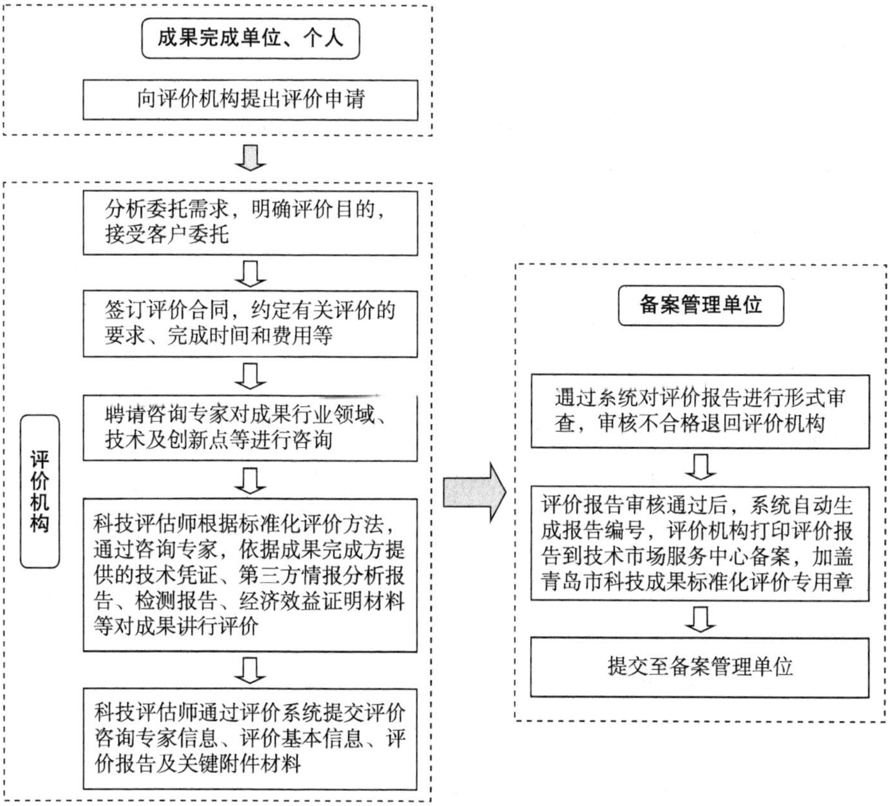

图 9-2　青岛市科技成果标准化评价流程

第三节　无形资产评估

一、概述

1. 无形资产评估概述

国际上，无形资产评估业务一般是从为无形资产产权交易提供专业咨询意见起步，逐步向无形资产法律诉讼、无形资产质押融资、无形资产会计核算等方面扩展的。无形资产产权交易涉及无形资产的所有权转让、投资、无形资产特许他人使用等经济活动，以及由此引起的无形资产所有权价值评估和无形资产许可权价值评估。无形资产法律诉讼涉及专利权侵权法律诉讼、商标权侵权法律诉讼、著作权盗版侵权法律诉讼等事项，以及由此引起的无形资产侵权赔偿数额的评估。无形资产质押融资活动主要是在中小创新企业实物资产少、资产抵押融资相对困难的情况下出现的一种新的融资模式。中小企业以其创新的知识产权作为质押物进行融资，为了保证融资企业和金融机构双方的合法权益，知识产权质押评估应运而生。当会计准则及会计核算业务引入公允价值计量属性之后，无形资产会计核算发生了一系列变化。企业合并对价分摊中的可辨认无形资产的公允价值计量、可辨认无形资产及商誉的减值测试，都需要借助于资产评估来完成。无形资产会计核算成为无形资产评估的重要领域，成为以财务报告为目的的评估的重要组成部分。

我国的无形资产评估是伴随着改革开放，以及无形资产交易、转让、投资活动的兴起而发展的专业经济活动。确切地讲，直到20世纪80年代末，伴随着国有企业产权变动，出现了国有资产，特别是国有无形资产流失的情况，需要利用资产评估维护国有资产权益时，无形资产才被作为企业中的一类要素资产随同企业一起纳入评估范围。到了21世纪初，随着我国无形资产交易、转让、投资活动的广泛开展，无形资产已经成为产权交易中最重要的标的，无形资产评估需求逐步增大，无形资产评估迅速普及。随着我国市场经济的迅速发展，以及知识创新和技术创新的普遍开展，无形资产越来越被企业所重视，无形资产研发、转让、特许他人使用、投资、质押融资、财务核算，以及诉讼和损失补偿等经济事项与日俱增，无形资产评估活动也变得更加频繁[1]。

2. 无形资产定义

无形资产是一个使用范围非常广泛，使用频率很高的概念。在会计学、经济学资产评估等学科和专业里，都涉及这个概念。由于不同学科和专业的学科视角及专业视角的差异，不同学科及专业对无形资产概念的内涵及外延的定义存在着趋同和差异并存的局面。了解不同学科和专业的无形资产定义，对于全面理解和把握无形资产是有一定帮助的。

（1）无形资产的会计定义

《国际会计准则第 38 号——无形资产》对无形资产的定义是：无形资产指为用于商品或劳务的生产或供应、出租给其他单位或管理目的而持有的、没有实物形态的、可辨认非货币资产。

我国《企业会计准则第 6 号——无形资产》中对无形资产的定义是：企业拥有或者控制的没有实物形态的可辨认非货币性资产。

（2）无形资产的资产评估定义

《国际评估准则》（International Valuation Standards，IVS）中对无形资产的定义是：一种能通过经济属性来证明其自身价值的非货币性资产。它不具备实物形态，但能为所有者带来权利和经济利益。

我国《资产评估执业准则——无形资产》对无形资产的定义是：无形资产是指特定主体拥有或控制的，不具有实物形态，能持续发挥作用并且能带来经济利益的资源。

不同学科及专业对无形资产概念的表述各不相同，人们需要结合实际的应用目的，通过对这些定义做进一步的分析来了解和把握无形资产的内

[1] 姜楠．无形资产评估［M］．北京：中国财政经济出版社，2015．

涵及其本质特征。

3. 无形资产评估在科技成果转化中的应用

科技成果所形成的专利权、软件著作权、新药证书以及技术秘密等都属于无形资产的范畴。因而，在国有单位中进行这些无形资产交易时，需要一个具备公允性的交易价格时，经常借助无形资产评估体系对其价格进行评估，从而避免国有资产流失。

高校、科研院所是科技成果的重要供给方。我国的高校、科研院所绝大部分是国有事业单位。2005 年发布的《教育部关于积极发展、规范管理高校科技产业的指导意见》以及 2006 年财政部发布的《事业单位国有资产管理暂行办法》等文件均对高校、科研院所等事业单位的对外投资和经营活动提出了要经过有资质机构进行评估的要求。因而，各高校、科研院所在技术转移前都要进行无形资产评估，以确定科技成果的价格。但是，在实际操作中人们发现，无形资产评估体系在评估科技成果价格时，存在以下几个问题，限制了无形资产作用的发挥：

①当前的无形资产评估体系更适合有一定市场推广应用基础的技术。对于成熟度低的技术，在确定相关计算参数时，主观因素更多些，导致评估价格偏差较大，对确定实际交易价格的参考意义不大。

②增加无形资产评估环节，使得技术交易的周期变长，影响了技术转移的效率。

③无形资产评估的费用较高，对于技术交易额低的技术而言，极大地增加了交易成本，成为达成技术交易的阻碍。

因而，在 2019 年 3 月发布的新版《事业单位国有资产管理暂行办法》中对无形资产评估的要求进行了改革。在第三十九条“事业单位有下列情形之一的，可以不进行资产评估”中，增加一项作为第三项，即“（三）国家设立的研究开发机构、高等院校将其持有的科技成果转让、许可或者作价投资给国有全资企业的”。增加一条，作为第四十条，即“国家设立的研究开发机构、高等院校将其持有的科技成果转让、许可或者作价投资给非国有全资企业的，由单位自主决定是否进行资产评估”。

该办法明确了国家设立的研究开发机构和高等院校在与国有全资企业进行科技成果交易时，可以不进行资产评估；与非国有全资企业交易时，单位有权自主决定是否进行资产评估。这就大大降低了对国有高校院所科技成果交易前无形资产评估的要求，使无形资产评估的作用回归其市场化的本质。这种改革有利于使无形资产评估真正体现其应有的价值，更有利于促进科技成果规模化转化。

二、评估方法简介

技术类无形资产和其他任何无形资产一样，都可以通过收益法、市场法和成本法这三种方法进行估值。收益法关注使用该资产所产生的回报；市场法主要关注资产的可比性；成本法则关注能够产生相同利益的替代资产的能力（和成本）。

在此，我们主要讨论专利技术类无形资产的评估方法。在评估专利技术类无形资产时，由于专利资产的特性，实际选取评估方法时，必须考虑其使用前提条件及评估的具体情况。在评估操作实务中，应注意以下问题对评估方法选取的影响：

①对于尚不能确认为资产的技术，如处于研制阶段的技术，原则上不予评估；对于难以确定能否达到发明目的的委估技术，原则上也不能进行评估。

②对处于研制、小试阶段，技术研制虽未完成，但可预见其技术能取得成功的可以进行评估，但由于其未来的市场参数、财务参数、投资参数难以确定，此类技术不宜采用收益法进行评估，可以采用成本法进行评估。

③对于已经获得专利保护、技术较为成熟，且市场参数、财务参数、投资参数相对确定的专利资产，不宜选取成本法评估，选择收益法评估效果可能更好。

由此可见，在针对专利技术类无形资产进行评估时，常用到的是收益法和成本法。而对于市场法，由于国内目前还不具备使用市场法所必需的前提条件：有一个充分发育的、活跃的专有技术市场，有足够的与被评估专有技术进行比较的参照物。因此，目前在对专利技术类无形资产进行评估时，一般不考虑采用市场法。下面简单介绍收益法和成本法评估的基本思路，具体的评价方法可参考无形资产评估专业书籍❶。

1. **收益法**

采用收益法进行专利技术类无形资产评估时，评估值的基本计算公式❷如下：

$$P = \sum_{t=0}^{n} F_t (1+i)^{-t} \tag{9-1}$$

式中：P 为资产现值（即评估值）；F_t 为第 t 年的净收益；i 为适用的折现率；n 为净收益可以持续的年限。

在收益法中，确定评估值的主要参数是收益额、折现率和收益期。关于收益额的折算方法，目前应用较为广泛的是通过对销售收入或销售利润进行分成来确定收益额，因为分成支付方式能使技术的报酬与实施技术后的利益挂钩，较好地体现了风险共担、利益共享的原则。收益额的计算公式❸如下：

$$\begin{aligned}\text{收益额} &= \text{销售收入} \times \text{销售收入分成率} \\ &= \text{销售利润} \times \text{销售利润分成率}\end{aligned} \tag{9-2}$$

在该公式中最难确定的是分成率。在不同的计算方法、不同的应用领域中，分成率差距非常大，有的领域中能相差几十倍。现有的确定方式是根据联合国贸易和发展组织的统计数据所得的一个范围，再结合主观经验确定。这些统计数据只能区分应用领域，但是没有对其中所涉及技术的特性进行分类，因而，实际应用的偏差较大。有些专家也明确，在确定分成率时要对技术的实用性、先进性、垄断性、成熟度等指标进行细致考察。还有专家明确指出："要准确评估出净收益，必须要调研专利技术的创新

---

❶ 姜楠. 无形资产评估 [M]. 北京：中国财政经济出版社，2015.
❷ 苑泽明. 无形资产评估 [M]. 上海：复旦大学出版社，2005：15.
❸ 苑泽明. 无形资产评估 [M]. 上海：复旦大学出版社，2005：15.

梯度。创新梯度越大，说明该专利技术越先进，专利的使用寿命越长，专利的获利能力也强，技术的价格就越高。”❶ 但是对这些指标的考察仅停留在主观判断的层面上，而且判断的结果也是定性的，无法在相关计算公式中以某种算法参与到计算中。

如果将科技成果标准化评价结果中的指标融入里面就可以解决这个问题。上面提到的实用性和先进性可以通过标准化评价中的先进度来反映，垄断性可以通过创新度来反映，成熟度可以用相对定量的形式来反映。这样可以影响分成率的因素就由定性变为相对定量，而相对定量的结果可以在公式中应用。可以确定分成率是成熟度、创新度和先进度的函数，由下式表示：

$$\text{分成率}=f\,(\text{成熟度，创新度，先进度}) \tag{9-3}$$

要通过该函数建立一个明确的分成率计算公式，需要科技成果标准化评价体系在较大范围内应用的基础上，根据大量经过标准化评价且交易成功案例所体现的数据，进行回归分析，即可得出具体计算公式。这将是未来的研究内容。

折现率是资本的期望收益率，它与利率是不相同的。通常所说的利率是资金的报酬，只表示资金（资产）本身最基本的获利能力，与使用条件、用途以及占有者没有直接关系。而折现率则要综合考虑资产的使用条件、用途和占有者等因素对资产获利能力的影响。确定折现率的方法包括构成法、股利增长模型、资本资产定价模型及资本加权平均成本等。目前，国内评估机构一般采用构成法计算折现率：

$$\text{折现率}=\text{无风险利率}+\text{风险报酬率} \tag{9-4}$$

其中，无风险利率是投资者不冒风险就可以长期稳定获得的投资收益率，一般选用适当年期的国库券的利率作为无风险利率。风险报酬率是对投资风险的额外补偿，当存在收益损失或意外的变化时，投资者需要在无

❶ 余恕莲. 无形资产评估［M］. 北京：对外经济贸易大学出版社，2003：160.

风险投资的安全利率上增加风险系数，它的数值可采用综合评价确定。

专利的收益期，即专利资产的经济寿命，对其评估价值的影响是比较明显的。它与专利资产的价值在某种程度上直接相关，即一般地讲，专利资产的经济寿命越长，其价值越高；经济寿命越短，价值越低。

专利资产的经济寿命可以分为法律寿命和实际经济寿命。专利资产的法律寿命是由相关法律决定的。对发明专利权的保护期限，世界绝大多数国家规定为 10～20 年。我国对发明专利权的保护期限为 20 年。大部分专利资产的实际经济寿命不能用法律条文来确定，所以必须首先对这些资产进行分析，以便按它剩余的经济寿命来评估其价值。大多数情况下，专利资产的实际经济寿命都比法定寿命短。如某项专利权还有 15 年法定剩余寿命，如果科学技术进步了，或是因为它所生产的产品在市场上没有销路时，这项专利的经济寿命会在其法定寿命之内提前终止，而不会是 15 年。

2. 成本法

一般来说，在技术资产评估中，应用成本法的场合主要是：为了摊销技术资产的成本费用；为了确定资产清查中专利的价值；为了帮助确定技术制成品的销售价格；为了向侵权者提出索赔额等。此外，在技术资产的未来收益难以预测或风险难以量化的情况下，可以使用成本法。

根据企业取得专利资产的来源情况，专利资产可以分为自创专利资产和外购专利资产。不同类型的专利资产，其重置成本构成和评估方式不同，需要分别进行估算。在科技成果转化过程中，所涉及的主要是自创专利资产重置成本的估算。

自创专利资产如果已有账面价格，由于它在全部资产中的比重一般不大，可以按照定基物价指数做相应调整，即得到重置成本。在实务中，自创专利资产往往无账面价格，需要进行评估。其方法主要有两种：

①核算法。核算法的基本计算公式为：

$$专利资产重置成本=成本+期间费用+合理利润 \tag{9-5}$$

其中，

$$期间费用=管理费用+财务费用+销售费用 \tag{9-6}$$

期间费用是指创建专利资产过程中分摊到该项专利资产的费用。

②倍加系数法。对于投入智力比较多的技术型专利资产，考虑到科研劳动的复杂性和风险，可用以下公式估算专利资产重置成本。

$$专利资产重置成本=\frac{C+\beta_1 V}{1-\beta_2}\times(1+L) \tag{9-7}$$

式中：C 为专利资产研制开发中的物化劳动消耗；V 为专利资产研制开发中的活劳动消耗；β_1 为科研人员创造性劳动倍加系数；β_2 为科研的平均风险系数；L 为专利资产投资报酬率。

三、评估基本程序

无形资产评估程序是指无形资产评估机构和人员执行资产评估业务、形成资产评估结论所履行的系统性的工作步骤。该程序由评估专业人员来履行，因为对于科技成果转化链条上的其他人员而言，有一个简单的了解即可。无形资产评估程序与其他资产评估程序就工作环节而言大致相同，主要包括明确无形资产评估基本事项、鉴定评估对象、搜集数据资料、评定估算（价值分析判断）以及撰写评估报告等环节。

1. 明确无形资产评估基本事项

明确无形资产评估基本事项的主要内容包括明确委托方与相关当事方的基本状况，明确无形资产评估目的及评估报告的期望用途、明确评估对象与范围、明确评估价值前提和价值类型，以及明确评估基准日等重要事项。

2. 鉴定评估对象

鉴定评估对象是进行无形资产评估的基础工作，此项工作涉及以下两个方面：一是评估对象与范围的界定，即通过鉴定评估对象来判断评估对象是真实无形资产还是名义无形资产，以及被评估对象的具体范围；二是在界定无形资产评估对象的基础上，鉴别无形资产评估对象的权利状况、效用并确定无形资产评估对象的经济寿命。

3. 搜集数据资料

无形资产评估所需的相关资料一般需要通过两大渠道搜集：其一是委托方渠道，其二是评估机构市场调查渠道。利用委托方渠道搜集资料也需要评估机构事先提出资料搜集清单，指引委托方有的放矢地提供资料。由于无形资产评估所需要的信息资料非常广泛，委托方只能提供无形资产权属和无形资产所在企业层面的资料，这些资料虽然重要但不一定能够满足无形资产评估对相关信息资料的需要，评估机构和评估师还需要从其他渠道搜集无形资产评估必需的信息资料。其中，通过市场调查进行资料搜集是无形资产评估搜集资料的主渠道之一。

4. 评定估算（价值分析判断）

在无形资产评定估算环节，需要做的工作包括：分析搜集整理后资料的适用性和可用性，根据评估特定目的、评估价值前提和价值类型，选择评估途径和具体评估方法，运用评估技术方法分析、估算评估对象的价值，审核评估初步结论。

无形资产评定估算的过程实际上就是无形资产价值的分析判断过程。在无形资产评定估算过程中，一个非常重要的工作是认真分析搜集整理后的信息资料和相关数据。在此基础上，根据评估特定目的、评估价值前提和价值类型，恰当地选择评估途径、具体的技术方法，以及具体技术方法所需的经济技术参数进行评估。评估技术方法和经济技术参数的选择应根据被评估无形资产的具体类型、特点、评估目的、评估价值前提、评估价值类型以及外部市场环境等具体情况综合分析确定。一般来说，无形资产评估适用的技术方法主要包括市场法、收益法和成本法，以及实物期权法等。但是在评估具体的无形资产时，哪种评估技术方法更合适，则需要考虑评估对象的条件、评估目的约束以及各种评估技术方法的应用条件是否匹配。

5. 撰写评估报告

无形资产评估报告是无形资产评估过程的总结，是评估结论的载体，也是资产评估机构及注册资产评估师完成无形资产评估，对被评估无形资产在特定条件下的公允价值所发表专家意见的书面表达。评估报告书同时也是评估机构履行评估合同情况的总结，还是评估机构与注册资产评估师为无形资产评估项目承担相应法律责任的证明文件。无形资产评估报告的撰写应符合《资产评估执业准则——无形资产》和《资产评估执业准则——资产评估报告》的要求，应着重阐述评估结论产生的前提、假设及限定条件，各种参数的选用依据，评估方法使用的理由及逻辑推理方式。无形资产评估报告的撰写应当清晰、明确和客观，避免误导。

参考文献

[1] 布莱恩·阿瑟. 技术的本质 [M]. 杭州：浙江人民出版社，2018.

[2] 约瑟夫·熊彼特. 经济发展理论 [M]. 北京：商务印书馆，1990.

[3] 贺德方. 对科技成果及科技成果转化若干基本概念的辨析与思考 [J]. 中国软科学，2011 (11)：1-7.

[4] 科技部火炬中心. 技术转移服务规范：GB/T 34670—2017 [S]. 北京：全国服务标准化技术委员会，2017.

[5] 国家科技评估中心，中国科技评估与成果管理研究会. 科技评估方法与实务 [M]. 北京：北京理工大学出版社，2019.

[6] 中国科技评估与成果管理研究会，国家科技评估中心，中国科学技术信息研究院. 中国科技成果转化年度报告 2018（高等院校与科研院所篇）[M]. 北京：科学技术文献出版社，2019.

[7] 中国科技评估与成果管理研究会，国家科技评估中心，中国科学技术信息研究院. 中国科技成果转化年度报告 2019（高等院校与科研院所篇）[M]. 北京：科学技术文献出版社，2020.

[8] 成晓建. 技术经纪人培训教程 [M]. 上海：同济大学出版社，2018.

[9] 王星拱. 科学方法论　科学概论 [M]. 北京：商务印书馆，2011.

[10] 王煜全. 中国优势 [M]. 北京：中信出版集团，2020.

[11] 巨建国，汤万金. 科技评价理论与方法：基于技术增加值 [M]. 北京：中国计量出版社，2008.

[12] 青岛市科技局. 科技成果标准化评价理论与实务 [M]. 北京：知识产权出版社，2018.

［13］阮永振. 技术经纪理论与实务［M］. 杭州：浙江科学技术出版社，2017.

［14］曾志华，王强. 专利文献与信息检索［M］. 北京：知识产权出版社，2013：291-304.

［15］陈琪. 科技型服务驿站创新跨区域技术转移服务模式［J］. 华东科技，2019（06）：63-65.

［16］陈琼，朱传方，辜清华. 化学化工文献检索与应用［M］. 北京：化学工业出版社，2014：67-85.

［17］董淼军，孙凤，李晓喜. 上海技术转移服务模式探究［J］. 中小企业管理与科技（上旬刊），2019（08）：114-115.

［18］恩格斯. 自然辩证法［M］. 北京：人民出版社，2015：2.

［19］方林平. 探索技术转移服务新模式——宁波市产学研创新服务平台浅析［J］. 杭州科技，2012（06）：44-48.

［20］方平. 市场经济中个体的有限理性与政府角色的不可替代性［J］. 经济研究导刊，2019（11）：1-4.

［21］冯秀珍，张杰，张晓凌. 技术评估方法与实践［M］. 北京：知识产权出版社，2011：9.

［22］傅雷，林耕. 中关村园区技术转移机构的服务模式［J］. 企业改革与管理，2007（12）：27-28.

［23］管怀明，邓志云，王富鑫，等. 探索技术转移服务的新模式——天津创新驿站建设展望［J］. 天津科技，2010，37（06）：100-102.

［24］韩国文，陆菊春. 创业学［M］. 武汉：武汉大学出版社，2015.

［25］郝翔宇，赵敏. 政府在科技成果转化过程中的作用［J］. 科学之友，2011（15）：90-91.

［26］何锡阳. 东道国政府补贴下跨国公司技术转移的博弈分析［D］. 广州：广东工业大学，2019.

［27］华冰. 华冰聊专利［M］. 北京：知识产权出版社，2016.

［28］黄晓宇，徐波. 基于企业需求的技术转移链的服务模式研究［J］. 黑龙江科技信息，2017（15）：138.

［29］黄怡伟，孙晓琴. 广州技术产权交易现状及其发展建议［J］. 特区经济，2017（04）：20-24.

[30] 姜楠. 无形资产评估［M］. 北京：中国财政经济出版社，2015.
[31] 李军，郭伏. 技术转移创新服务模式研究［J］. 冶金经济与管理，2015（03）：35-37.
[32] 李鹏. 技术创新与技术扩散的微观经济分析［D］. 北京：中国社会科学院研究生院，2002.
[33] 李万. 美国政府促进大学技术转移的历史是如何开始的——基于《创办市场型大学：学术研究如何成为经济引擎》一书的梳理和考察［J］. 安徽科技，2019（04）：18-21.
[34] 李志军. 技术转移中的政府作用［J］. 中国科技财富，2011（17）：27-29.
[35] 林洪，盛建新，牛婧红，等. 技术转移机构服务模式与服务类别比较研究——以湖北省27家技术转移示范机构为例［J］. 科技进步与对策，2014，31（12）：50-53.
[36] 蔺雷. 第四次创业浪潮［M］. 北京：中信出版集团，2016.
[37] 蔺雷. 内创业革命［M］. 北京：机械工业出版社，2017.
[38] 蔺雷. 内创业手册［M］. 北京：机械工业出版社，2019.
[39] 刘曼红，林博，刘小兵. 风险投资学［M］. 北京：对外经济贸易大学出版社，2018.
[40] 刘伟. 利用技术产权交易平台，创新科技成果定价方式［J］. 产权导刊，2019（12）：36-39.
[41] 刘毅. 专注知识产权价值挖掘，助力广东产业转型升级——广州技术产权交易中心探索形成知识产权交易的“广交所模式”［J］. 广东科技，2018，27（09）：27-29.
[42] 刘泽政，傅正华，刘泽宪. 我国技术转移中政府职能研究［J］. 科学管理研究，2011，29（04）：60-64.
[43] 刘柱. 技术产权交易市场存在的问题研究［J］. 科技创新与应用，2015（32）：273.
[44] 马天旗. 专利转移转化案例解析［M］. 北京：知识产权出版社，2017.
[45] 马天旗. 高价值专利培育与评估［M］. 北京：知识产权出版社，2018.
[46] 孟俊娥. 专利检索策略及应用［M］. 北京：知识产权出版社，2010：49-64.
[47] 苏爱阳. 浅析政府如何通过职能转变实现科技成果转化［J］. 广东科技，

2018, 27 (03): 54-55.

[48] 王君. 技术转移服务的新模式——上海创新驿站研究 [J]. 上海企业, 2010 (03): 70-72.

[49] 王磊. 大数据时代技术转移体系的探索与实践——江苏省技术产权交易市场建设案例分析 [J]. 江苏科技信息, 2018, 35 (10): 4-6.

[50] 王良超, 高丽. 文献检索与利用教程 [M]. 北京: 化学工业出版社, 2014: 112-118.

[51] 魏江, 王琳, 胡胜蓉, 等. 知识密集型服务创新分类研究 [J]. 科学学研究, 2008 (S1): 195-201, 241.

[52] 吴汉荣. 技术转移服务创新模式研究——以意大利 Innova 集团为例 [J]. 科学管理研究, 2014, 32 (03): 117-120.

[53] 吴丽娜. 韩国技术产权交易体系建设及对我国的启示 [J]. 产权导刊, 2018 (08): 69-72.

[54] 吴寿仁. 科技成果转化操作实务 [M]. 上海: 上海科学普及出版社, 2016.

[55] 吴寿仁. 科技成果转化疑解 [M]. 上海: 上海科学普及出版社, 2018.

[56] 吴伟, 蔡雯莹, 蒋啸. 美国大学市场化技术转移服务: 两种模式的比较 [J]. 复旦教育论坛, 2018, 16 (01): 106-112.

[57] 吴晓波, 胡松翠, 章威. 创新分类研究综述 [J]. 重庆大学学报 (社会科学版), 2007 (05): 35-41.

[58] 武学超. 美国联邦政府提升大学技术转移能力政策的价值分析 [J]. 外国教育研究, 2012, 39 (11): 88-95.

[59] 徐娜, 汪芹. 基于政府角度探析合肥市促进高校科技成果转化的对策 [J]. 中国市场, 2012 (32): 69-70.

[60] 杨令, 薛原, 程远. 技术产权交易激励机制探析——以泰州市为例 [J]. 科技和产业, 2019, 19 (10): 102-107.

[61] 余恕莲. 无形资产评估 [M]. 北京: 对外经济贸易大学出版社, 2003: 145-180.

[62] 苑泽明. 无形资产评估 [M]. 上海: 复旦大学出版社, 2005: 15.

[63] 张建民. 对我国无形资产评估结果失真的分析 [J]. 金融教学与研究, 2009 (02): 53-55.

[64] 张健华. 高校科技成果转化中的政府职能研究［D］. 天津：南开大学，2010.

[65] 张维迎. 市场与政府［M］. 西安：西北大学出版社，2014.

[66] 张维迎，盛斌. 企业家：经济增长的国王［M］. 上海：上海人民出版社，2014.

[67] 张晓凌，张玢，庞鹏沙. 技术转移绩效管理［M］. 北京：知识产权出版社，2014.

[68] 郑旭辉，苏锦云. 促进地方高校科技成果转化的对策研究——基于政府视角［J］. 科技和产业，2012，12（09）：106-109.

[69] 钟卫，陈彦. 政府如何促进大学科技成果转化：基于发达国家的经验总结［J］. 中国科技论坛，2019（08）：170-178.

[70] 周利平. 强化技术产权交易平台在大众创业万众创新中服务功能的探讨［J］. 产权导刊，2016（09）：63-65.

[71] 周良炎. 技术产权交易与技术产权市场［J］. 产权导刊，2005（02）：17-19.

[72] 朱奕，顾宁. 浅析各类技术转移服务模式——以江苏省为例［J］. 中国科技信息，2014（21）：191-192.

[73] 丹·塞诺，索尔·辛格. 创业的国度：以色列经济奇迹的启示［M］. 北京：中信出版社，2010.

[74] 亚当·斯密. 国富论［M］. 南京：译林出版社，2011.

[75] BLOHMKE J. Technology complexity，technology transfer mechanisms and sustainable development［J］. Energy for Sustainable Development，2015，26：87.

[76] BREVEGLIERI G，FINOTTI A，BORGATTI M，et al. Recent patents and technology transfer for molecular diagnosis of beta-thalassemia and other hemoglobinopathies［J］. Expert Opinion on Therapeutic Patents，2015，25（12）：1453-1476.

[77] 洛伦佐·卡弗. 风险投资估值方法与案例［M］. 北京：机械工业出版社，2016.

[78] CORSI A，PAGANI R N，KOVALESKI J L，et al. Technology transfer for sustainable development：Social impacts depicted and some other answers to a few questions［J］. Journal of Cleaner Production，2020（245）：118522.

[79] DEMIRDOMEN G，ISIK Z. Environmental Scanning Approach to Assess Innovation

and Technology Transfer Performance of Construction Companies [J]. Tehnicki Vjesnik-Technical Gazette, 2019, 26 (3): 617-624.

[80] FENG Z J, CAI H C, ZHOU W. Structural Characteristics and Spatial Patterns of the Technology Transfer Network in the Guangdong-Hong Kong-Macao Greater Bay Area [J]. Sustainability, 2020, 12 (6): 2204.

[81] GAO Q, HE F, MOOSA A, et al. The Efficiency of Technology Transfer in Chinese Key Universities [J]. Journal of Scientific & Industrial Research, 2019, 78 (9): 582-588.

[82] HAIGNEY S. Being Thorough When Transferring Technology [J]. Biopharm International, 2017, 30 (3): 14-17.

[83] KARANIKIC P, MLADENOVIC I, SOKOLOV-MLADENOVIC S, et al. Prediction of economic growth by extreme learning approach based on science and technology transfer [J]. Quality & Quantity, 2017, 51 (3): 1395-1401.

[84] LEE S, SHVETSOVA O A. Optimization of the Technology Transfer Process Using Gantt Charts and Critical Path Analysis Flow Diagrams: Case Study of the Korean Automobile Industry [J]. Processes, 2019, 7 (12): 917.

[85] LEMA A, LEMA R. Technology transfer in the clean development mechanism: Insights from wind power [J]. Global Environmental Change-Human and Policy Dimensions, 2013, 23 (1): 301-313.

[86] PARKANY E. Webinars, Advisory Boards, Technology Transfer Implementation Plans, and Other Examples of Universities' Best Practices in Technology Transfer [J]. Transportation Research Record, 2016 (2552): 1-7.

[87] PINTO M M A, KOVALESKI J L, YOSHINO R T, et al. Knowledge and Technology Transfer Influencing the Process of Innovation in Green Supply Chain Management: A Multicriteria Model Based on the DEMATEL Method [J]. Sustainability, 2019, 11 (12): 3485.

[88] PORTER A L, Cunningham S W. 技术挖掘与专利分析 [M]. 北京: 清华大学出版社, 2012.

[89] PRUCHA T. Leading Global Technology Transfer [J]. International Journal of Metalcasting, 2019, 13 (3): 489-490.

[90] PUEYO A. Enabling frameworks for low-carbon technology transfer to small emerging economies: Analysis of ten case studies in Chile [J]. Energy Policy, 2013, 53: 370-380.

[91] RAMSINGHANNI M. 如何成为一名成功的风险投资人 [M]. 2 版. 北京: 中国金融出版社, 2015: 163-195.

[92] SOARES A M, KOVALESKI J L, GAIA S, et al. Building Sustainable Development through Technology Transfer Offices: An Approach Based on Levels of Maturity [J]. Sustainability, 2020, 12 (5): 1795.

[93] SWINNEN J, KUIJPERS R. Value chain innovations for technology transfer in developing and emerging economies: Conceptual issues, typology, and policy implications [J]. Food Policy, 2019, 83: 298-309.

[94] THIEL P, MASTERS B. 从 0 到 1 [M]. 北京: 中信出版社, 2015.

[95] WECKOWSKA D M. Learning in university technology transfer offices: transactions-focused and relations-focused approaches to commercialization of academic research [J]. Technovation, 2015 (41-42): 62-74.

[96] ZHOU D L, SHANG S, THARP T, et al. Leveraging Lyophilization Modeling for Reliable Development, Scale-up and Technology Transfer [J]. AAPS PharmSciTech, 2019, 20 (7): 263.